北の蛍火

一滴の油が水を覆い、
融け合わず混じり合わずの世界があった。
そこに、夢を託す開拓の槌音と、
百年を見据え、万里を駆ける足音と、
艶やかな女の声が響いた事がある。
（「はじめに」より）

勇払千人同心（苫小牧市）

はじめに

蝦夷《えぞ》の開拓は、明治二年（一八六九年）に始まる。
その七十年前、
一滴の油が水を覆《おお》い、
融け合わず混じり合わずの世界があった。

そこに、夢を託す開拓の槌音《つちおと》と、
百年を見据えて、万里を駆ける足音と、
艶《つや》やかな女の声が響いたことがある。

闇を照らすように輝いていた。
ひと夏を謳歌《おうか》する蛍火のように…。

石狩平野の南端に位置する勇払《ゆうふつ》原野の寒村に、古老の言い伝えがあった。

〈夜泣きお梅さん〉という。

それは淋しい雨がシトシトと降る夜のこと。
赤ん坊をふところにした若い女がシクシクと泣きながら、
「この子に乳をください」
「この子に乳を…」と、
戸をたたいて廻っていたという。
家の者が戸を開けてみると、その姿はなくなっていたという。
またある時、若い女が子を抱いて、
墓場の方へ消えていく姿を見た者がいたという(＊7)。

この言い伝えを、小田切清美さんが書きとめている。

昭和十五年（一九四〇）、太平洋戦争が勃発する前年、小田切さんは勇払村（苫小牧市）の原野で、葦原《あしはら》に埋もれた墓石を発見している。

その原野は地平線がかすむほど広大だが、火山灰の積もる泥炭地なので、開拓者が住みつくこともなく、墓石とて誰の物やら…。訪れた者、供花の痕も見えず、荒れるに任せていたという。

ところが、墓石の一つに、古老が伝える梅と、夫河西祐助の七言絶句があった。

哭家人　…家人を哭《こく》す
万里游辺功未成　…万里の辺に游《あそ》び功未だ成らず
阿妻一去旅魂驚　…わが妻一たび去って旅魂《りょこん》を驚かす
携児慟哭穹廬　…児《こ》を携《たずさ》えて慟哭《どうこく》する穹廬《きゅうろ》の下
難尽人間長別情　…尽くし難《がた》し人間長別の情

穹廬《きゅうろ》：天幕で囲った粗末な家

江戸時代も後期となる寛政時代（一七八九～一八〇〇年）。

執政が、田沼意次から松平定信へ変わる頃、巷に〝オロシア〟の噂が流れていた。

徳川幕府は家康以来、米の産せぬ蝦夷（北海道）には興味なく、統治外の扱いとしてきた。このため、蝦夷を支配する松前藩は、蝦夷に蓋《ふた》をして隠し続けてきた。

しかし、寛政十年（一七九八）、幕府は動き出した。

外国船のたび重なる蝦夷来航に危機感を抱いたからである。大規模な調査団を派遣して、蝦夷本島や千島列島の実情を調査した。

すると、ロシアは蝦夷本島の間近まで迫り、アイヌの家には十字架があった。その上、松前藩には統治や防衛能力はなく、場所をあずかる商人のやりたい放題であった。

幕府は、余りのひどさに衝撃を受け、すぐに東蝦夷地（太平洋岸沿い）の仮直轄を決める。泰平に慣れ切った幕府だが、その素早い決定が驚きの大きさを物語っている。

翌年、書院番頭《ばんがしら》を筆頭に諸役人を配置し、蝦夷統治組織を編成するとすぐに動いた。蝦夷統治の経費を考えれば、幕府二百六十年の中でも、大規模なプロジェクトだったといえる。

この時、蝦夷を探検した紀行書の一つに『蝦夷蓋開日記《ふたあけ》』（＊8）がある。その表題を思うに、著者は「蝦夷の蓋《ふた》が開く」と認識したのであろう。時宜にかなう表題である。

この政策は治安を含むインフラ（社会基盤）構築だが、大地を耕す「開拓」は含まれてない。

この時、「開拓は半士半農の我らに！」と、名乗り出た者がいる。八王子千人同心の頭領である千人頭《せんにんがしら》である。

彼らは、千載一遇の好機と捉え、開拓団を送りたいと申し出る。さらに、幕府が募る現地駐在役人の〝在住《ざいじゅう》〟候補も推挙するなど、積極的に関わろうとしたのである。

寛政十二年、千人同心子弟の〝厄介者〟百人は、幕府の給金付開拓団として、蝦夷へ向かった。同じ頃、在住という幕府役人に登用された三人は、妻子帯同で蝦夷へ向かった。

その一人が河西祐助である。

歴史の歯車が、梅を蝦夷へ運んだ。

祐助の語る夢に二つ返事でついて来たが、身構え心構えとて隣町へ引っ越すようなものである。

蝦夷の気候風土や暮らし向きを知らず、奥蝦夷には和人女がいないことも知らない(*9)。

ましてや十一年前に起こったアイヌの反乱を知らず、今なお和人を見るアイヌの目が厳しいことを知るはずもない。

梅の新しい暮らしは、樽前山《たるまえさん》が見える勇払《ゆうふつ》原野で始まった。

しかし、厳しい気候風土は蝦夷を知らぬ者を嘲笑い、梅や開拓隊士たちを容赦なく攻め立てた。

その厳しさに、亡くなる者、帰国する者が後を絶たない。

それでも梅は耐えて、開け行く蝦夷の鼓動に耳を傾けていた。

奔走する祐助の息づかいと足音、大地を耕す開拓隊士たちの槌音《つちおと》、季節の変わり目を指さす幼子の声、往来する役人の声の中に、蝦夷の蓋の開く音を聞いていた。

蝦夷に住み慣れて来た頃、梅は女児を産む。

しかし、乳呑み児と幼子を残したまま、黄泉《よみ》の国の身となる。

河西梅は、開国の始まる蝦夷に、確かにいた。

しかし、梅が何を見て、何を感じ、何を成したのかなど、知る手がかりはない。

ただ、その頃の史実や世相を重ねると、梅の軌跡が透かし絵のように浮き出てくる。

本書は、その浮いた断片を張り合わせ、根拠となる史料や、硬軟を織り交ぜた補足事象を併記して、梅が生きていた軌跡をなぞり、祐助や厄介者と言われた千人同心子弟の姿も、史実に沿うようになぞったつもりである。

彼らには幾多の功績があったはずだが、仮想を設けず、生きていた姿を淡々と描くこととした。ただ、私は歴史を楽しむ市井の者ゆえ、推論や無理筋があるのはご容赦願いたい。

尚、本書内の引用において、骨子にかかわるものは「全体引用」とし、個別明記しない場合もある。また古文書等の引用文は著者の解読文とするが、現代文の場合は原文のままとした。

出版に際して、八王子千人同心旧交会副会長の野嶋和之様には、監修の任に当たって頂き、数々のご指摘、ご助言を賜り、加えて推薦文まで頂戴致しましたこと、心より御礼申し上げます。

二〇一六年　十月

著者

目次

第一部　小説編

鳥《とり》有り、その名を鵬《ほう》と為《な》す。背は泰山《たいさん》の若《ごと》く、翼は垂天《すいてん》の雲の若《ごと》し。……斥鴳《せきあん》之《これ》を笑いて曰わく、「彼《か》れ且《まさ》に奚《いず》くに滴《い》かんとするや」と。　　　　(四章 (2) 参照)

一章　錦の御旗

(1) 青天の霹靂《へきれき》

江戸日本橋から西へ十二里(四八キロ)、関東平野が丘陵に迫る所に武州《ぶしゅう》八王子がある。

ここには、徳川家康の時代から甲斐《かい》(山梨県)との国境警備を託された組織があった。

その名を八王子千人同心と呼ぶ。

頭領は十人の千人頭《せんにんがしら》からなり、江戸城に詰めて将軍にお目見えできる旗本身分である。一人の千人頭に十人の組頭《くみがしら》、一人の組頭に十人の平《ひら》同心がピラミッドのように構成され、総勢千人からなる半士半農の組織である。


寛政十二年(一八〇〇)。

梅は二十二歳の春を迎えていた。

千人同心組頭河西家の長男祐助に嫁ぎ、二歳の橘太郎がいる。幼子を抱えて河西家の内事を切り盛りしていた。

梅が〝エゾ〟という言葉を耳にしたのは、舅の仙右衛門が祐助と語る夕餉《ゆうげ》の席である。〝オロシア〟〝オランダ〟に混じって、耳を通った〝エゾ〟を「江戸のことだ」と思いながらも、「どうも違うのかも…」という程度の認識だった。

嫁が里帰りできる十五日正月を実家で過ごした梅が、河西家へ戻って来た。

一月も半ばを過ぎた頃、舅が千人同心の詰所から興奮気味に帰って来た。

「原半左衛門様の願いがやっとかなったそうだ。このたび、老中の戸田様より蝦夷行役の命を受けたという。やあ〜めでたいことだ！」

千人頭の原半左衛門胤敦《たねあつ》が昨年三月に、「千人同心の二男三男の厄介者百人を引き連れ、農兵として蝦夷地の開拓と警護に勤めたい」と申し出ていたのである。

当時、二男三男に分家は許されず、他家へ養子に行くか、医者や儒家になるか、あるいは長男のもとで終生飼い殺しの身になるしかなかった。それゆえ、二男三男を〝厄介者〟と呼んでいた。

河西仙右衛門の二男の所左衛門（轍《とおる》、後の塩野適斎）が養子になったのも、その道理による。

このため同心子弟の二男三男は、たとえ遠い異国であれ「畑と家持ちになれる」と聞かされると、たちまち百人が集まった。

「土地は広いから、いくらでも田畑が手に入るそうだ」

「桑の木もたくさんあるし、いずれは養蚕《ようさん》で稼げるそうだ」

八王子の街中には、「蝦夷ってどこだ？」と訝《いぶか》る声もあったが、原半左衛門ら千人頭が幕府に願い出たことなので、不審の声は自然と消えていった。

二月に入って、詰所から帰って来た祐助は梅を呼んだ。

「梅、そなたの意見を聞きたい」

「はい。何なりと」

梅は、改まった祐助の顔に常ならぬ気配を感じた。

「私が蝦夷へ行くとなったら、ついて来てくれるか?」

「エゾって?」

この時幕府は、蝦夷の現地に妻子帯同で駐在する〝在住《ざいじゅう》〟の役職を新設しようとしていた。

原半左衛門ら千人頭は、幕閣から在住の適任者を出すようにと要請されると、願ってもない好機と捉え、千人同心の中から文武両道に優れた数人を推挙しようとしたのである。

梅の目は瞬《しばた》き、首は傾《かし》いだままである。間をおいて聞き返した。

「エゾって…原半左衛門様が行く蝦夷のことですか?」

ようやく話が通じてきた。

「幕府はオロシアが狙う蝦夷を護ろうとしている。私はその蝦夷のために存分に働こうと思うが、そなたの力が必要なのだ。蝦夷へ一緒に行ってはくれまいか?」

耳を通り過ぎていた〝エゾ〟が、突然目の前に大きな塊となって現れた。

梅は次の言葉を探すまでしばしの時間を要した。

「…橘太郎も一緒ですか?」

「もちろん橘太郎も一緒だ」

それでもまだ、首を傾げたまま何が何だか…と混乱していたが、祐助の表情に固い信念があるのを感じると、混乱は波が引くように消えた。

「もちろんですとも。祐助様が行く所なら橘太郎と一緒にお供しますとも」

声はまだ浮ついてはいるが、決心はすぐについた。祐助を支え、橘太郎を育む使命は、どこにいても変わらないと信じているからである。

「ありがとう。共々一緒だ」

梅はそばで遊んでいる橘太郎を手招きして膝にのせた。

「橘太郎、お父上は蝦夷へ行ってお国のために働きたいとおっしゃっておりますよ。あなたもお父上のお力になってくれますね？」

ようやく一人歩きを始めた橘太郎に、その分別などあろうはずはないが、梅につられるように首を縦に振った。

「そうか、橘太郎も父を助けてくれるか。それは頼もしい。それでは祖父《じじ》様に我らの存念を伝え、蝦夷のお役目を受けられるよう御手配願うとしよう」

梅は蝦夷がどこにあり、どんな暮らしをする土地なのかなど知る由もない。先々の不安より三人が一緒に行けることに安堵していた。

まもなく、祐助は千人頭の推挙を受けて、幕府が募集する在住に応募した。

在住とは、蝦夷地で行政や交易などを担う現地駐在役人のことである。

祐助はほどなく、松平信濃守忠明《しなのかみただあきら》や石川左近忠房《ただふさ》ら、蝦夷地経営をあずかる幕閣の面接を受け、人格や教養、武道に加え妻子帯同の可否などの資格要件が試された。

その一方で、父の仙右衛門や実弟所左衛門が養子入りした塩野家、梅の実家の猪子《いのこ》家と何度か話し合いがもたれた。祐助も梅も呼ばれたが、老父達の表情は終始険しかった。

三月に入ってまもなく、詰所から戻った祐助の顔は晴々としていた。

「蝦夷行きが決まったようだ。いずれ知らせが届くが、万事備えをよろしく頼む」

「念願が叶いましたね。おめでとうございます。今から蝦夷が楽しみです」

梅は祐助の気持ちを察しつつ、笑みを浮かべて祐助の腰の刀を預かった。

二人に、もう不安の色はない。

祐助が二十九歳、梅二十二歳、橘太郎二歳の時である。

(2) 蝦夷への梯子《はしご》

八王子の街は、蝦夷へ赴く千人同心子弟の話で持ちきりだった。

「原半左衛門様が厄介者たちを立派な稼ぎ頭にしてくれるそうだ」

「広い畑が手に入るし…分家もできるし…口減らしにもなるし…」

天明飢饉（～一七八七）から十三年は過ぎたが、各地の一揆は治まる様子がない。食糧事情は八王子とてまだ厳しい。蝦夷の話は良いことずくめに聞こえる。


「組頭《くみがしら》見習河西祐助を在住に登用する」

熨斗目《のしめ》裃《かみしも》に正装した二人の千人頭が、河西家を訪ねて幕府の通達を口上した。

祐助を真ん中に、仙右衛門夫婦と子を抱える梅が礼服を着して、使者の口上を受ける。

「謹んでお受けいたします。このたびの栄誉は、千人頭皆々様のお取計いと肝に銘じて励む所存にございます。日本の仁風は、西は熊襲《くまそ》や朝鮮、琉球など辺海に及んでいても、未だ蝦夷には届いておりません。この蝦夷開国という大事に命を与えられましたこと、我ら千人同心一同の本懐と心得、妻子共々、身命をなげうって国事に賭す覚悟にございます」

祐助は両手をつき身を低めて返礼した。仙右衛門や梅も同じ所作をする。

登用の伝達式が終わると、威厳を正していた千人頭は肩をおろし、座はくつろいだ。

「祐助殿、よくやった。面接した松平信濃守様らの面々が、祐助殿に太鼓判を押したというので、推挙した我らも面目が立ちましたぞ」

祐助を面接した幕閣の評価がある。

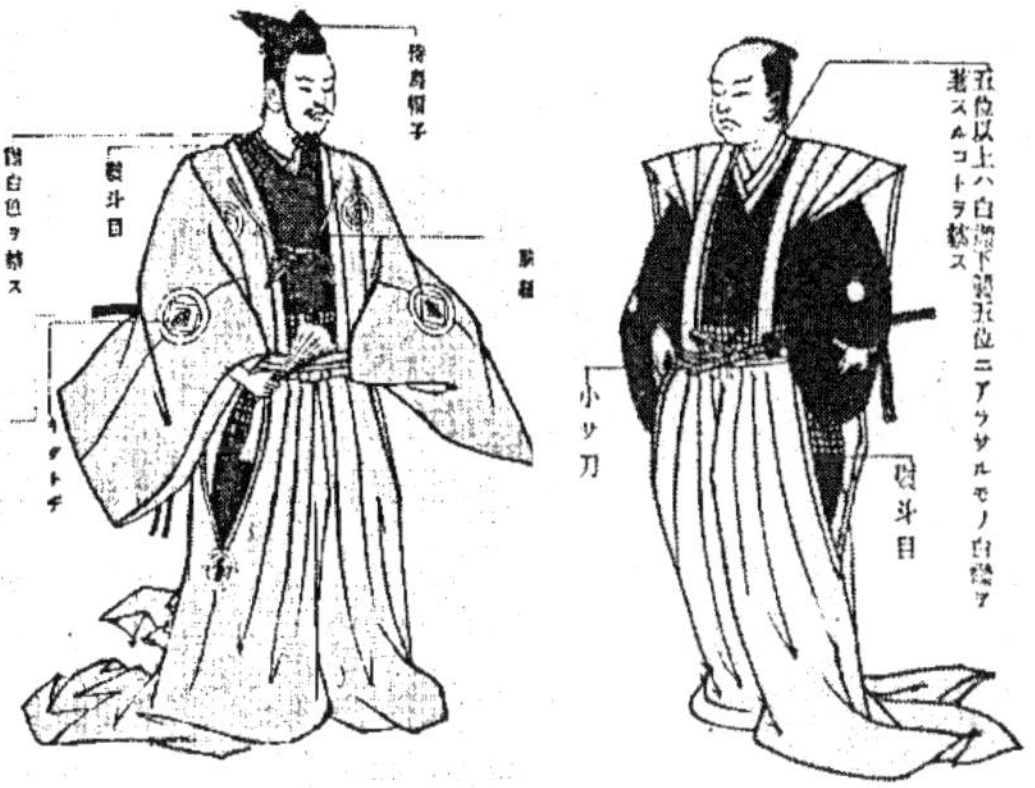

左：素袍侍烏帽子《さぶらいえぼうし》　右：熨斗目長裃　（＊11）

一面して喜びを以《もっ》て任に勝《かな》ふ。よってその状を以《もっ》て朝廷に上言し朝廷これを許可する（＊10）。

この時、千人同心から組頭《くみがしら》杉山良左衛門、組頭石坂武兵衛、そして組頭見習の河西祐助の三人が在住の任に選ばれている。

「その上、千人同心から三人も選ばれたのだから我ら一同誉れでござる」

千人頭は喜色満面である。

幕府は東蝦夷地に行政拠点となる会所を二十余ヶ所新設したので、在住はその数だけ登用するはずである。

「これを機に河西家は分家が認められ、祐助殿は組頭見習になった。重ね重ねめでたい！」

武士の世界では分家は認められていないので、破格の扱いといえる。

「これほどめでたい席なので、せめて素袍《すおう》を着て口上できればよかったものを…」

礼服にこだわる千人頭の意図を仙右衛門も祐助も知っている。一昔前まで、千人頭の礼服は、熨斗目《のしめ》裃《かみしも》よりも格上の素袍《すおう》だったからである。

「はてさて…礼服の話で横道にそれたが…」

千人頭は未練を残すように話題をかえる。

「それはさておき、祐助殿は幕命を受けたからには精進し、〝さすが千人同心！〟と言われる働きをなされよ。そして梅殿、祐助殿をしっかりと支え〝さすが千人同心の妻！〟と言われる内助の功に励まれよ。河西家、猪子家の両親は我らが加護するゆえ、心置きなく出かけるがよい」

千人頭は梅の傍らにいる橘太郎に背を丸めて声をかけた。孫を見る好々爺の顔になる。

「橘太郎殿、おう良い子だ。父上と母上をしっかりお守りするのだぞ。うん…良い子だ」

そして、仙右衛門に向く。

「のう、仙右衛門殿。少しの間、孫が見られぬゆえ寂しかろうが、今度戻る時には立派に成長した姿に変わっていよう。それを楽しみになされよ」

「ご懸念ご無用にございますとも。〝かわいい子には旅させろ〟と申しますので、帰りを楽しみに待っております」

「上々じゃ」

強気を装う仙右衛門だが、目元には寂しさが漂う。

この日、在住に登用された他の二人にも同様の使者が送られていた。在住の任命には、妻子帯同が条件であるため、それぞれの家を訪ねて伝達したのである。


三月に入ると、「三人の組頭が女子供を連れて蝦夷へ行く」という話が街中に広まった。その声音の響きは、原半左衛門に同行する百人の隊士たちと大きく異なり、手のひらを反すほどである。

「蝦夷って…蛮族が住む辺地だというではないか」

「幼子まで連れて行くというのだから…何とも可哀そうなことよ…」

「しかも、親を捨てて行くという…何と罰当《ばち》たりなことだ！」

それら噂話は、風に流されるように梅と猪子の母にも伝わった。

梅には江戸まで一日路、日光まで五日路の距離は想像できても、距離の測れぬ蝦夷の地など想像できるはずもない。

それでも梅は、「知らぬ世界でも梅と橘太郎をしっかりと守る」という祐助の言葉に支えられ、噂話に動ずることはなかった。

梅は蝦夷へ旅立つ前に、実家へ行った。

この一月に里帰りしてから間もないが、山は淡い緑をまとい、畑は耕された黒い土が顔をだし、鳥のさえずりも賑やかになった。冬から春へと一気に衣替えが進んでいた。

母は梅を笑顔で迎え、包むように抱えた。梅は母の胸の鼓動をさぐりながら、母の温もりと肌の臭いを幼い頃の記憶に重ねていた。

母と娘の情は格別である。あたかも、蜘蛛の糸のように繋がっている。

母は糸を操りながら、合わせ鏡や二人羽織を振り付け、娘は苦節を重ねて演じきる。娘に悪心がうごめき、道を外す振りが見えれば、たちまち糸は千々に乱れて囲い込む。

母の背に老いが浮かぶ頃、今度は娘が糸を操る。

娘は、母の歩んだ道を鏡に、母の紡いだ糸を繕《つくろ》う。その糸で我が子を操り、次代へとつなげていく。それが傍にいてこそつながる母と娘の常の道であり、輪廻《りんね》でもある。

そしてもう一つ大切なのは、女身の居心地を互いに仲間目線で語り合えることである。

梅は今、その道から離れる負い目を感じていた。

迷いは吹っ切れたとはいえ、母の本音の一言があれば崩れかねない危うさもあった。

「その時が来たら、着せてあげなさい」

母は別れ際、油紙の包みをくれた。そっと開くと、絹糸で編んだ真っ白な産着など、お産に備えた品々が一つ一つに包まれていた。

町の噂話はついぞ出ず、穏やかな語り口に母の本音が上滑りすることもなかった。

「行っておいで」

「行って参ります」

朝、母の言葉に押されて実家を去る。

振り返ると、多摩川の朝霧が藁葺《わらぶき》の母屋を覆っていた。見なれた風景のはずなのに、今日の景色はなぜか薄い。

梅は、老中田沼意次が権勢の頂点にいる頃、武州八王子郷で千人同心組頭《くみがしら》の猪子家に生まれている。

十九歳の頃、同じ組頭である河西家の嫡男祐助に嫁ぎ、橘太郎を産む。

この頃の梅の脳裏には、舅と祐助が語る〝エゾ〟が留まることはなかったであろう。

しかし、梅の身辺に〝エゾ〟が錦の御旗のように駆け巡り、青天の霹靂《へきれき》のごとくに降りかかってきた。

当時の蝦夷は異境と呼ばれ、蝦夷の奥地は一年前までは和人女の禁制地であった。

しかも、梅が行く勇払《ゆうふつ》は、荒くれ男たちが漁期や交易の時期だけ住み、冬になれば白い無人の世界になる。

女や子供の声はない。アイヌの集落は三里も四里も離れている。

その上、和人に抗したアイヌの反乱からまだ遠くもない時期である。

そんな蝦夷へ、あたかも近隣の町へ移り住むような身構え、心構えで向かうのである。

解説一〈錦の御旗〉参照

二章　蝦夷への道

(1) 江戸を離れる

寛政十二年（一八〇〇）三月二十日。

天気快晴のこの日、武州八王子の多摩川べりには武士や町人、農民を合わせて数百人が旅服姿の百人を取り囲んでいた。

千人頭の原半左衛門を隊長とし、半左衛門の弟新介を副隊長とする千人同心の子弟百人の壮行会が行われている。

旅服姿の原半左衛門が一段高い所に立った。

「我ら千人同心は、神君東照大権現様《だいごんげんさま》（家康）の代から徳川家にお仕えし、関ヶ原や大坂合戦に幾多も手柄をたててきた。これにより旗本のお役目を拝し、将軍家の御供や日光東照宮の火の番を勤め、代々将軍家を御守りしている。その将軍家は今、オロシアが脅かす蝦夷を守るため、かの地を統治することと相成った。

長槍による武芸調練の技と五穀豊穣の技を併せ持つ我らほど、蝦夷開拓に適《かな》うものはないと、こたび老中戸田様より蝦夷行役のご下命を頂いた。

百人の同心子弟はもとより、在住の組頭三人は必ず蝦夷開国の大役を果たし、千人同心の旗を三丹満州までとどろかせてみせようぞ！」

半左衛門が幕府への貢献と千人同心の誇りを訴えると、取り巻く群衆も奮い立った。

蝦夷へ赴く者たちは、二男三男ゆえ〝厄介者〟と呼ばれ、肩身の狭い思いをしてきたが、この日ばかりはヒーローになった。

宴の最中、それぞれに小さな輪ができた。囲んでいるのは親兄弟である。厄介者の身分ゆえ妻子持ちはいない。

「半左衛門様の期待に応えてみせるぞ！」

「きっと土地持ちになってみせる！」

「もう厄介者なんて呼ばせるものか！」

酒が入ると、これまでのうっぷんをはらすように、声に力が入り盛り上がった。

見送る中に祐助と梅がいる。

梅は座を回り、蝦夷へ赴く一人一人に声をかけた。

「私たちもすぐに参ります。またお会いできるのを楽しみにしておりますよ」

梅を知る者、知らぬ者を問わず、その声に隊士たちが寄って来た。

「今度は蝦夷でお会いしましょうね」

「道中は気をつけて来てください…必ず来てくださいね」

後に来る者が途切れれば、先に行った者は梯子《はしご》を外された思いになる。

隊士達の言う、「必ず！」の声には嘆願の気持ちも漂う。

「行きますとも。必ず！」

梅の答えに、座に歓声が上がり、さらに盛り上がった。

「梅さんが来るとよ！　必ず来るとよ！」

歓声がさらに高くなった。

宴もたけなわ、原半左衛門は再び立ち上がると扇を振った。

「蝦夷へいざ出陣！」

「エイ！　エイ！　オウー！」

未知への出立は戦場への出陣と同じである。勝ち鬨《どき》が高らかに上がった。

原半左衛門ら百人は「桑都《そうと》（八王子）開闢《かいびゃく》以来、未曽有《みぞう》の旅」（*10）に出た。


二ヶ月後の閏四月、杉山良左衛門、石坂武兵衛、そして祐助はそれぞれ妻子を伴い江戸へ向かう。在住に登用された者は一度江戸に集まり、蝦夷へ向かう手はずになっている。

出発の朝、河西家には猪子家の親兄弟も集まり、祐助と梅、橘太郎の三人を見送った。

「便りを致します」

「ん…」

祐助と仙右衛門の言葉は手短である。語り尽くしたせいもあるが、互いに孔子の「父母在《いま》せば遠く遊ばず、遊ぶに必ず方《ほう》（連絡）あるべし」（*12）を意識している。

梅は母の視線を背に感じながら、門をくぐり抜けた。

祐助ら一行は、江戸の霊岸島《れいがんじま》（中央区日本橋新川《しんかわ》）に近い旅籠に身を置いた。

昨年四月、幕府は霊岸島に蝦夷産物の取扱いと蝦夷行役官吏の詰所機能を持つ蝦夷地御用取扱所を設置している。祐助らは少しの間ここに通い、地方侍から幕府役人へと身を改める。在住の心得や蝦夷政策を聞き、家族共々幕府御留守居役から往来手形を受領する。

霊岸島は隅田川の河口にある。北に筑波山、東に安房や上総の山々、西には丹沢山系に鎮座する富士山、そして南の品川沖には二千石級の弁財船が見える。

霊岸島には灘や伏見の酒、酢や醤油を扱う問屋が軒を構え、大船との間をたくさんの小舟が往来している。江戸湊で一、二を争う繁華な荷揚げ地である（*13）。

梅は初めて海を見た。口に含めば吐き出すほどに塩辛いが、磯の香は心地よく漂う。海の沈む先には、真一文字の水平線に仕切られた空が天高く続く。そこを朝日が真っ赤な色を照らして湧き上がる。起伏のある山に囲まれて過ごした梅には、どれもこれも不思議な光景である。

五月十日、在住の家族九組が旅籠の前に勢ぞろいした。

この先、日光・奥州街道の二百四十里（九六〇キロ）をひと月かけて北端の三厩《みんまや》へ向かう。

乳呑み児もいれば、走り回る子供もいる。未知の国へ行くというのに不安の様子はない。旅籠で寝食をともにするうちに、互いに気心が知れたせいでもある。

周りを数十人が遠巻きにしている。見送りに来た親や兄弟らで、河西家や猪子家の者もいる。彼らは昨日江戸に入り、一緒に最後の夜を過ごした。

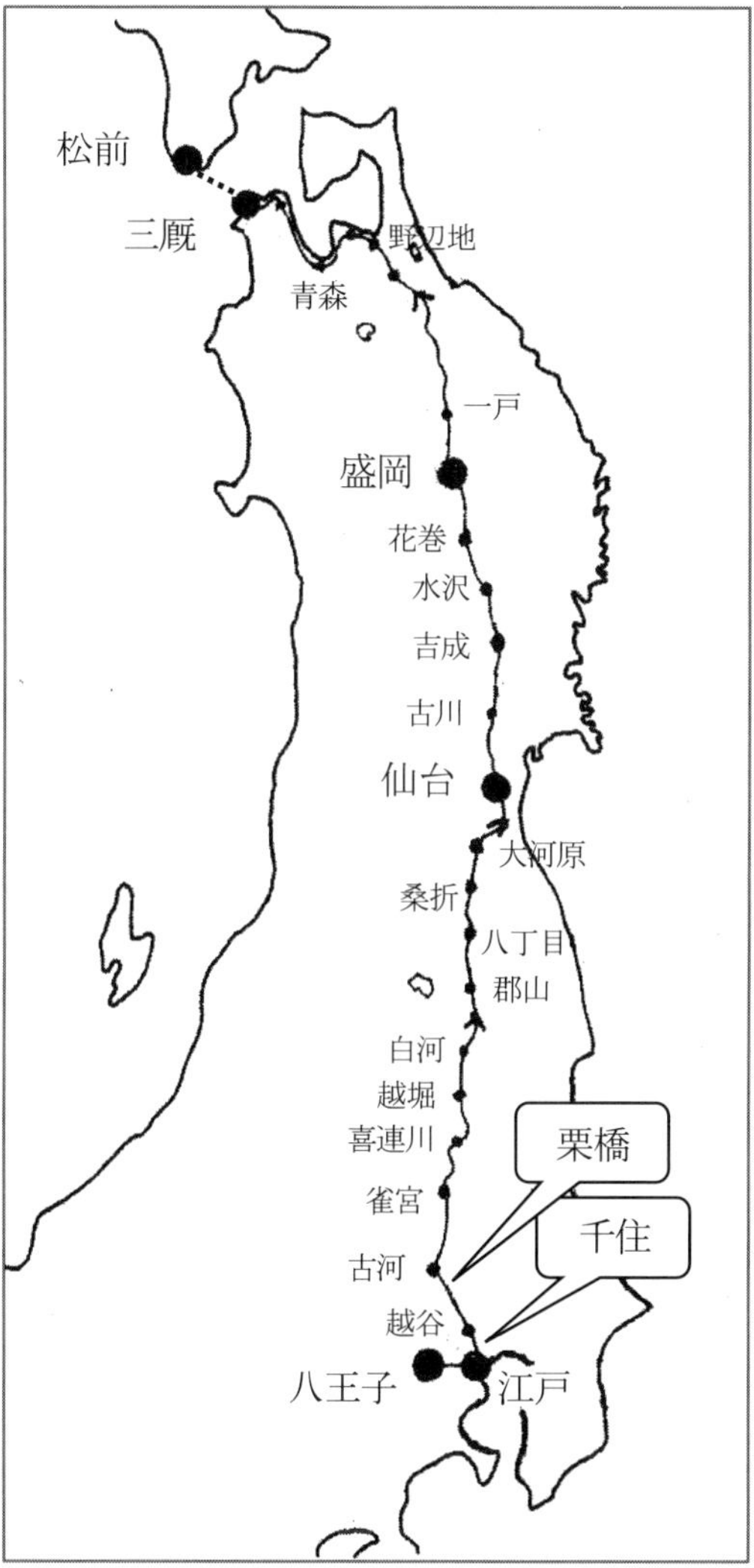

日光・奥州街道の行程図　（＊14）

年かさの男が挨拶にたった。

「蝦夷行役のお役目を拝命致しました我ら、これより蝦夷へ参ります。妻子共々かの地で存分にお役目を果たし、また皆共々元気で戻って参ります」

九組の家族が動き出すと、見送る者もそれぞれを囲んでぞろぞろと動き出した。

千住までの三里、別れを惜しむように続く群れを、千住大橋（荒川区南千住）が止めた。隅田川にかかる大橋は長さ六十六間（一二〇メートル）、幅四間（七メートル）あり、半円状に反り上がっている。

ここは旅立つ者と見送る者の境である。

千住大橋　（＊15）

大橋を前に時が過ぎていく。

母は、梅が七五三の内祝いや習いごとを始める時、大人になる時や嫁ぐ時など、その節目ごとに心得を諭しくれた。特に嫁ぐ時には他家での心得に加え、「戻ってはならぬ！」とも言われた。縁を切るような厳しい口調に、角隠しの下で目をぬぐったものである。

今日はもっと大きな節目のはずだが、諭す言葉もなく妙におとなしい。

「さあ、行きなさい」

背を押す母の短い言葉に、梅は弾かれるように橘太郎の手を引いた。
「必ず元気に戻って参ります。父上様も母上様もお達者で」
振り返るたびに、母の姿は反り上がる橋床に吸い込まれ、そして消えた
それが最後の姿になるとは、互いに知るはずもない。

日光街道を北上した一行は、翌日、栗橋関所（埼玉県北葛飾郡）に到着している。

栗橋関所と房川渡　（＊16）

栗橋関所日記には、「五月十一日、蝦夷地御用掛手付家内七家内、その後も両家内引越し有之」（＊16）と、合わせて九家族が関所を通ったと記されている。

栗橋関所は、東海道の箱根関所と新居《あらい》関所（静岡県新居町）、中山道の碓氷《うすい》関所や甲州街道の駒木《こまぎ》野《の》関所と並ぶ、監視の厳しい関所の一つである。

家康の時代から幕府は、江戸に近い要所に〝入り鉄砲に出女《でおんな》〟を取り締まるために関所を設け、江戸へ運ばれる鉄砲と、人質として江戸

にいる大名の奥方が国元へ逃げるのを防いでいた。

旅籠や茶屋の街並みを過ぎると、目の前に大河が現れた。利根川支流の房川《ふさがわ》である。

当時、他国へ旅する女は五パーセントにも満たぬので(*17)、女の旅人は珍しい。道中では旅姿をした梅たち女を珍しげに振り返る。「蝦夷へ行く」と言ったら、皆声をあげて仰天していた。

川沿いに四方を囲む柵が見えてきた。

関所の門に近づくと、番人が中に入れと催促する。いつも対岸を往来する見知った女なら改めなどしないが、旅姿の子連れとなれば、改めを要する。

柵の中に入ると、先端がキラリと光る長物が右手に見えた。梅は思わず橘太郎を引き寄せるが、足はすくむ。

罪人捕獲に使う三つ道具の突棒《つくぼう》・袖搦《そでがらみ》・刺股《さすまた》が、これ見よがしに空を突いている。

番人は無言のまま左側を見るよう催促する。そこには太い筆使いの高札があった(*18)。
一、この関所を通る者、番所の前で笠や頭巾《ずきん》をぬぐこと
一、乗り物で通行する者、乗り物の戸を開けること
一、女の乗った乗り物のこと、番所の差図女《さしずおんな》に見せること
一、公家門跡諸大名のこと、事前連絡あれば改めはしないが、不審な点あれば格別の取り調べをすること
番所の前には砂利が敷かれ、板の間に控える役人が鋭い目で見つめている。

幕府役人であれば、手形を見せずとも通れるのだが、妻子帯同ゆえ改めを受けた。家族ごとに尋問が始まり、祐助ら三人にも通行手形改めが行われた。

「いずれの国の者か」

「武州八王子の生まれにございます」

「どこへ行くか」

「蝦夷へ参ります」

「蝦夷は異国。その異国に女子供は何の用か」

「妻子帯同で蝦夷の在住の御役目を命じられましたる者。それゆえ、妻梅と嫡男橘太郎を伴い蝦夷へ赴く者にございます」

生国や家族の人数、出立地と目的地、申請者の名前などを手形と見比べながら尋問が続く。祐助への尋問が型通り終わると、関所役人は梅を指した。

「これより女は身を改める。差図女《さしずおんな》出られよ」

脇から出てきた女は梅一人を奥座敷へ連れて行った。

奥座敷に入り、戸をピシャリと閉めると女の目は兎を追う鷹のように鋭くなった。

「身を改めます」

声をあげると、途端に女の形相は険しくなった。立ち膝になり、梅の顔を両手で挟み、上下左右に乱暴に動かす。

梅はその形相を奪衣婆《だつえば》に重ねた。

三途の川で胸をはだけて立ち膝し、渡し賃の六文銭を持たずに来た亡者から、無理やり衣服をはがす姥のことである。その異様さに思わず身震いする。

女は、「右頬に黒子《ほくろ》一つ、左額に傷痕一つ…」と声を出しながら手形と見比べている。

手形には人相や年齢、髪形、傷痕、黒子《ほくろ》、種痘痕などが詳しく書かれている。息遣いが耳元で聞こえると気色悪く息が詰まる。

奪衣婆像
(八王子市　真覚寺)

梅は身を固くしながら耐えているが、血の気が引いていくのがわかる。

女は髪をほどかせ、頭の隅々まで調べる。櫛で髪を無造作にかき分け、「天に黒子《ほくろ》一つ、後ろに傷痕一つ…」と声を出しては手形を見る。

梅は母親以外に髪をすかれたことはない。母親の櫛《くし》は心地よかったが、女の櫛は頭皮にささり、髪が絡んで思わず声が出てしまう。嫌がる素振りを見せると、「動くな!」と一喝される。

「女改め終わります!」

関所役人にも聞こえる差図女《さしずおんな》の大きな声に、薄目を開ける。恐怖から解放されたはずなのに、体はまだ凍っている。

関所を出て、乗った渡し舟が動き出だすと、やっと声が出た。女たちの喜びようは半端ではない。泣き出す者もいる。船頭の話では、尋問は軽い方だと言う。幕府役人の妻だからである。怪しい女は裸にして調べることもあると聞かされた。

梅たち女衆は栗橋関所の厳しい改めに、女が他国へ旅立つ厳しさを知った。江戸を出てまだ二日しかたっていない。女たちはこの先の不安を口にする。

房川を渡り、今日の泊りの古河へ向かう。道中、一行は人待ち風の男に声をかけられた。

「蝦夷へ赴くお役人のご一行様とお見受け致しますが？」

「如何にも左様だが？」

「今夜お泊まり頂く古河の者にございます。ご苦労様にございます。私はご一同様のご到着を知らせるために、一足先に戻りますゆえ、ごゆるりとお越し下さい」

その男は丁寧な言葉を残して、韋駄天《いだてん》のように走り去った。遠見《とおみ》の者である。

女たちは栗橋関所の後だけに、なにか不安を感じながら見送った。

ところが、古河の村境に着くと、羽織袴を着た三人の村役人がうやうやしく出迎えていた。

「ご苦労様にございます」

村役人たちは梅たち女衆にもねぎらいの声をかけ、旅籠まで案内してくれる。

旅籠につけば、今度は宿役人が下座して丁重に出迎えてくれた。もみ手をするように部屋まで案内してくれる。

部屋の障子や襖《ふすま》は、穴一つもなく真新しい。張り替えたばかりにみえる。

風呂に案内されると、湯船は四面を金屏風で囲い、一番湯のきれいな湯がはってある。

食事の席につけば、蝶足の膳にのる馳走が運ばれてくる。豪華な料理に、迷い箸する。

出発の朝、駕籠が用意されていた。駕籠など乗ったことのない身には、処し方に戸惑う。

宿役人が見送るなかを、「したに！　したに！」の先導の声が響く。村境で下乗すると、絨毯《じゅうたん》の上に真新しい草履《ぞうり》がおかれている。村境を出る時には、村役人が身を折って見送ってくれた。

恐い思いをした栗橋関所の後だけに、天地を返すほどの変わりように、女たちは狐につままれた思いになる。

仙台でも盛岡でも、行く先々で同じような手厚い持てなしをうけ、驚きの旅が進んでいく。

今流に言えば、「ウッソー！　マジー？　信じられない！」と驚くことばかりである。

ただ、その訳を梅はまだ知らない。

解説二〈蝦夷への道〉参照
㈠　大名並みの道中　……179

（2）海を越える

寛政十二年六月初旬、梅たち一行は陸奥国三厩村《むつのくにみんまや》（青森県外ヶ浜町）に着く。江戸日本橋から三厩《みんまや》までの二百四十里をひと月ほどで踏破した。

ここは本州最北端の湊町である。

大坂と松前を往来する北前船が寄港し、参勤交代で江戸を往来する松前藩の本陣と脇本陣がある賑やかな村である。

「北のはずれにも、こんな所があるのですね」

陸路で江戸へつながる最後の村なのに、繁華な街並みに驚いた。そのせいか、心の隅にあった蝦夷への恐怖心は薄らいでいく。

海の向こうには未開・幽玄・異境と言われる蝦夷の陸形が見える。もう間近だが、風が吹き、波が荒れると十日や二十日も風待ちするという。

風待ちの間、梅たちは湊を眼下にのぞむ観音山《かんのん》に登った。

山の斜面を五曲がりして登ると、赤い鳥居と石燈籠《どうろう》が並び、その先には地蔵を安置する石室がある(＊8)。村の者たちが航海安全と大漁祈願、家内安全を祈る観音堂である。

そこから見える蝦夷の島は幾度も表情を変えた。晴れた日には、手招きするように陽炎《かげろう》が優雅に舞うが、荒れた日には、拒み隠すように黒い雲が陸形に垂れ込める。その都度、渡る者の心を翻弄《ほんろう》した。

村に残る〈雁《がん》の風呂〉伝説も心を惑わせた。

越冬のために飛んでくる雁は、
みんな枯れ木をくわえているという。
途中、枯れ木を海に浮かべて羽を休ませ、
春になると、またその枯れ木をくわえて北へ帰るという。
春、海岸にはたくさんの枯れ木が打ち上げられる。
越冬できずに死んだ雁が残した枯れ木だという。
村人はそれを拾い集めて、
焚《た》き木として風呂を沸かすが、
故郷へ帰れなかった雁を供養するためだという(＊20)。

浜に打ち上げられている枯れ木を、わが身に重ねる者もいる。

「あの枯れ木の主にはなりたくない…」

海峡を三途の川に重ねる者もいる。

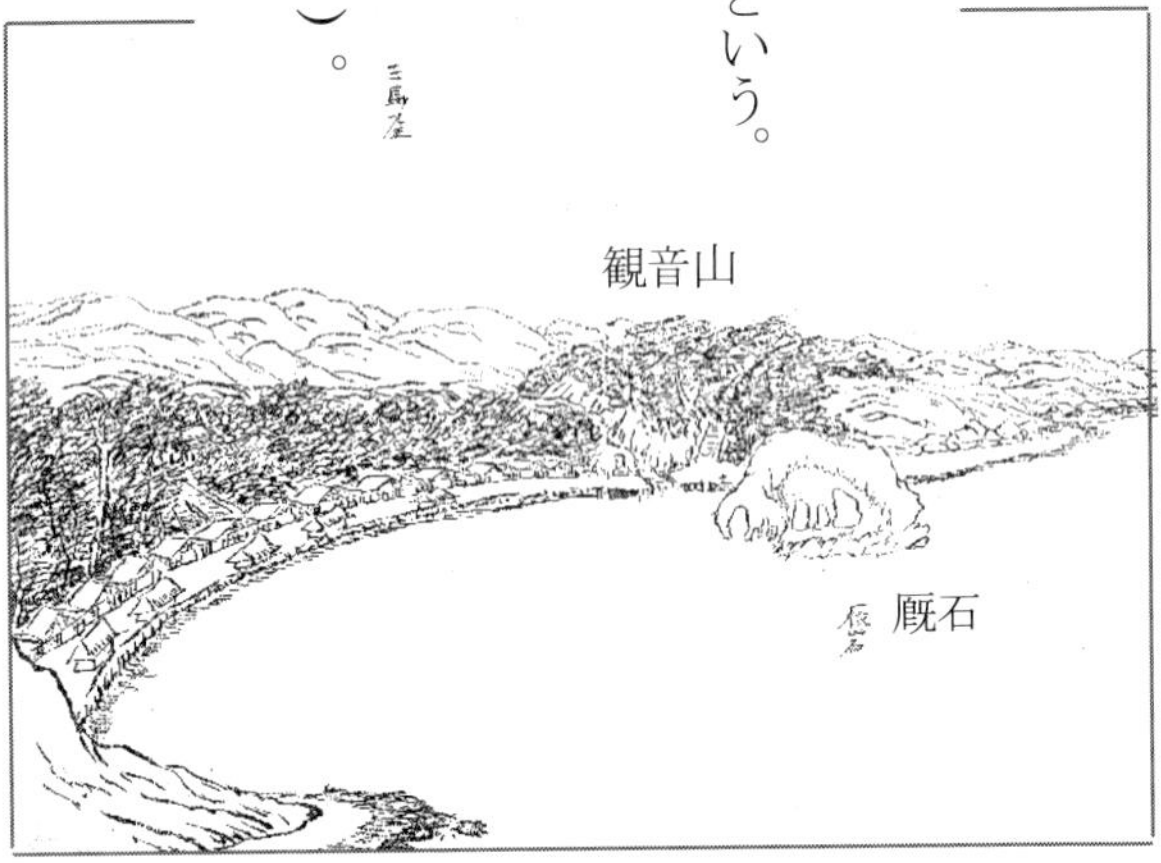

三厩（三馬屋　寛政11年筆）（＊19）

「奪衣婆《だつえば》が待っていたらどうしよう…」

数日後の早朝、出帆を知らせる船頭の声が村中に響き渡った。

祐助たち九組の家族は急いで荷をまとめ、湊へ急いだ。船着き場にかかる五百石船に荷物が慌ただしく積み込まれている。

昨日までとは違う湊の活気が、躊躇していた女たちの背を押し、船着き場を更に賑やかにしていた。荷積みを終えると船頭が乗船を促した。まだ後ろ髪を引かれる者がいても、どすの利いた船頭の太い声が追い立てる。

梅は橘太郎の手を引き、祐助の背を見ながら船に乗り移った。

係留された船から、陸に沿いつつ海に浮かぶ孤高の大岩が見える。

村の人は厩石《まやいし》と呼ぶ。

穴が四つ、高さ廿四五丈（七十五メートル）、横の広さ十七八間（三十二メートル）ほどの巨岩で、伏している巨獣にも見え、悪心ある者にはどくろにも見える。

その大岩を村人は、蝦夷渡りの守護神だと崇《あが》めている。

かつて蝦夷へ渡る義経が荒波に難渋した時、その大岩に観音像を置いて祈願すると三匹の竜馬が現れ、蝦夷へ乗せて行ったからだという。

梅は蝦夷へ渡ったという義経伝説にちなみ、厩石《まやいし》に手を合わせて無事の渡航を祈った。祈りながら、どこかで義経の跡形に出合える期待も膨らんでいく。

船は船頭ら七人の操舵で出帆した。東西の風を受けて北上する。一里ほど走ると左舷に併走していた陸が消え、東西の視界が開けた。竜飛岬《たっぴ》を越えた。

船の上とはいえ、四方に陸形があれば足はまだ地に残る気もする。しかし、二方の陸形が消えると土を踏む感触を失った。梅は陸から離れる心細さを初めて知った。

まだ船の揺れにもなじまぬ頃、船頭の声が聞こえる。

「津軽富士だ！」

その声に弾かれるように船縁《ふなべり》に人が集まってきた。白い航跡の先には、裾野《すその》をなだらかに広げ、白い雲を突き抜けた高峰が見えた。

津軽地方で信仰の山と崇められている岩木山（一六二五㍍）である。

「優しげな姿ですこと…」

梅は八王子から見える富士山を思い起こした。丹沢山系に裾野を隠した富士山は人を拒むようにも見えたが、津軽富士は拒むことなく、裾野をなだらかに広げている。

「橘太郎、見てごらん。私たちを加護しているのよ」

梅は橘太郎を抱き上げ、蝦夷でもみんなが元気に過ごせるようにと念じながら、手を合わせた。

竜飛岬《たっぴ》を離れて間もなく、天気は急変した。

雲が走り、波がうねり、帆がせわしなくばたついた。

湧き上がる荒波が船縁をたたき、海底から盛り上がる潮が船底をたたく。船は右に左に忙《せわ》しなく傾き、波間に浮き沈みを繰り返して軋《きし》みだす。船が悲鳴をあげだした。

船底にも恐怖の悲鳴があがる。船酔いに苦しみ、五臓六腑まで吐き出すほどの激しい吐瀉《としゃ》を繰り返す。意識ある者は震えながらも念仏を唱え、意識の薄れる者はただのたうち回る。誰もが、血の気を失った亡者の様相になる。

梅とて全く同じだが、生気を失った橘太郎を抱きかかえ、必死に耐え続けている。子を守る母親の本能である。

船は長い間、波と風に翻弄され、地獄絵の世界を繰り返していた。

「松前が近づいたぞ！」

まだ揺れは大きいが、船頭の声は神の声である。生気が戻る。

松前の街並みが見える。塀と櫓《やぐら》に囲まれた大きな屋敷が、なだらかな丘の上に見えてきた。松前城である。城の真下にある湊には十数隻の船が係留され、街並みは海沿いに広がる。湊とはいっても、大海に面したままで、防波となる岩などはない。

三厩の湊を出てから海上十里余、およそ六時間で松前に着いた。

血の気を失った者たちが船着き場に降りてきた。

足はよろけ、白面の様相である。江戸への陸路が断たれた悲しみなど見えず、固い地に足を降ろした喜びだけが見える。

蝦夷の島を「異境だ！　島流しだ！」と蔑《さげす》んでいた者も、心底喜んでいる。

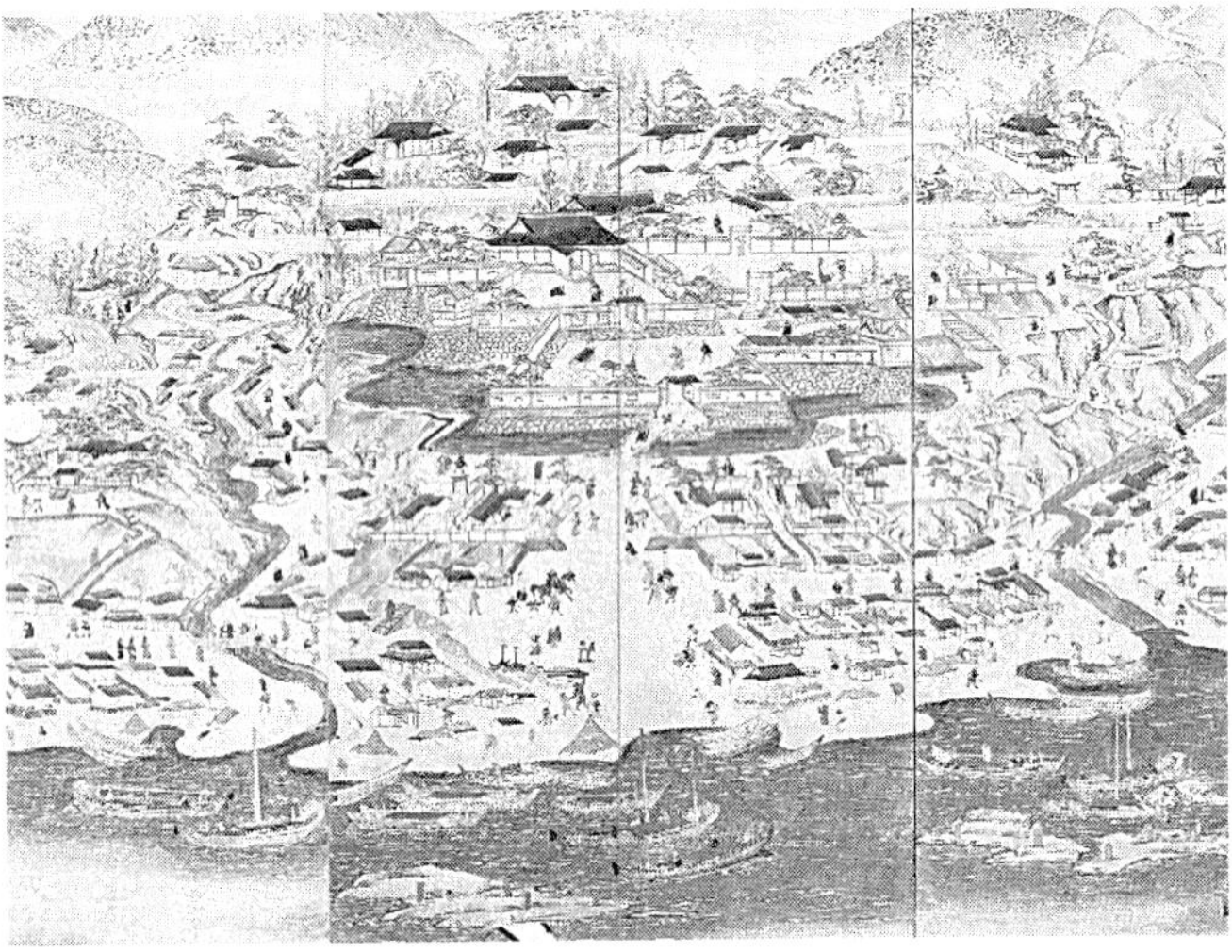

松前城下（宝暦期 1751〜63年）（＊21）

湊口には松前藩の役人が数人、羽織袴で出迎えていた。一行は、足をふらつかせながら役人の後について旅籠へ歩を進める。

問屋通りには江州八幡《ごうしゅうはちまん》柳川（近江《おうみ》国：滋賀県）の暖簾《のれん》をかけた店が並ぶ。蔵通りには昆布や干し魚を詰めた俵が山積みされ、店や通りには人が足繁く出入りしている。

武士や町人の住家は黒門や黒塀に囲まれ、入り口には　京風の陶器が飾ってある。競って贅の限りを尽くしているように見える。

江戸を出てから、仙台、盛岡などの大藩の街を除けば、寒村ばかりで驚くこともなかったが、松前の街には正直驚いた。江戸にも劣らぬほど華麗なのである。

「ここは本当に蝦夷の地なのか？」

一行はあたかも都会知らずの〝お上りさん〟のように、豪華な店構えや人の賑わいにキョロキョロしながら立ち止まり、また歩を進める。

いつの間にか、一行の後ろには群れができていた。

ふた月ほど前、百人の八王子千人同心隊が上陸している。彼らの「奥蝦夷を開拓する」という突拍子もない話に驚いたばかりだが、今度は〝江戸の武士の妻子〟連れである。

前代未聞の来島者に街中が湧いていた。

「聞いたか？　江戸のおなごだと！」

「幼子を連れて奥蝦夷まで行くんだと！」

松前藩が全島を支配していた頃、奥蝦夷を往来できるのは松前藩の藩士と藩の許可を得た商人や番人だけであった。しかし、東蝦夷地が幕府の統治下となり、奥蝦夷の往来が解禁された去年から、人の出入りは多くなった。しかし、江戸の侍の妻や子供は初めてである。

「江戸のお侍さんの女房だと！」

「江戸のおなごはどんなものかの？」

卑猥な声すら上がる中、梅たち一行は群れに押されるように旅籠に入った。

旅籠の部屋から津軽海峡が見える。まだ鎮まらぬ波は、雲の割れ目からのぞく陽の光に反射してキラキラと輝いている。江戸へつながる津軽の陸形は、遠くに霞んで見える。

祐助と梅は、渡って来た海峡をまだ目線の定まらぬ様子で眺めていた。

「海を越えたな…」

「越えましたね…」

荒れた海に翻弄された辛苦は、オウム返しの会話で十分伝わる。それでもひとたび乗り越えれば笑い話にもなり、語り草にもなる。

「それにしても驚いた…江戸に劣らぬ街が蝦夷にあるとは…」

「驚きましたねえ…」

繁華な街並みを語る二人の口と目は、摩天楼でも見るかのようにアングリと開いたままである。

この後一歩踏み出せば、奥州街道の寒村とは違う異次元の世界となる。

解説二〈蝦夷への道〉参照
(二) 陸の終わりと陸の始まり ……181

（3）蝦夷道中紀行

寛政十二年六月の中旬。

在住の九家族は、松前を出てから四日目、亀田村（函館市亀田）に着いた。岬の付け根にある。

一年前、幕府はここに東蝦夷地を統括する箱館御用掛《ごようがかり》を設置した。今は、蝦夷地取締役の一人三橋藤右衛門を筆頭に役人が常駐して、行政や交易、警備、アイヌ教導などを統轄している。祐助たちはここに短期勤めとなり、亀田村の官舎に入った。蝦夷事情を把握するためである。

官舎からは箱館山（標高三三四㍍）が海に浮かんで見える。山裾には船問屋、木綿屋、荒物屋、小物問屋を含め五百軒余が山を取り囲むように並び、二千八百人が住む。湊は箱館山に囲まれた天然の良港である。日々、千石船など大小五十艘が浮かび、湊の賑わいは松前以上である。

梅たち女は、湊に出て赴任先で使う生活器材をそろえながら、店の番頭や船乗りが語る江戸の話に耳を傾けていた。

時には箱館山に登り、南部や津軽の山々に江戸の香りを探す。海を渡る船があれば、「あの船に乗れたら…」と思ってしまう。船酔いの苦しみはとうの昔である。

ふた月ほどして任地へ赴く時が来た。

それぞれの行き先は、遠くは二百余里先の国後島《くなしり》や根室《ねむろ》、近くは三里（十二㌔）先の七重村《ななえ》と様々である。案内人と荷役を伴い、海路で行く者は箱館の湊へ向かい、陸路で行く者は亀田川を

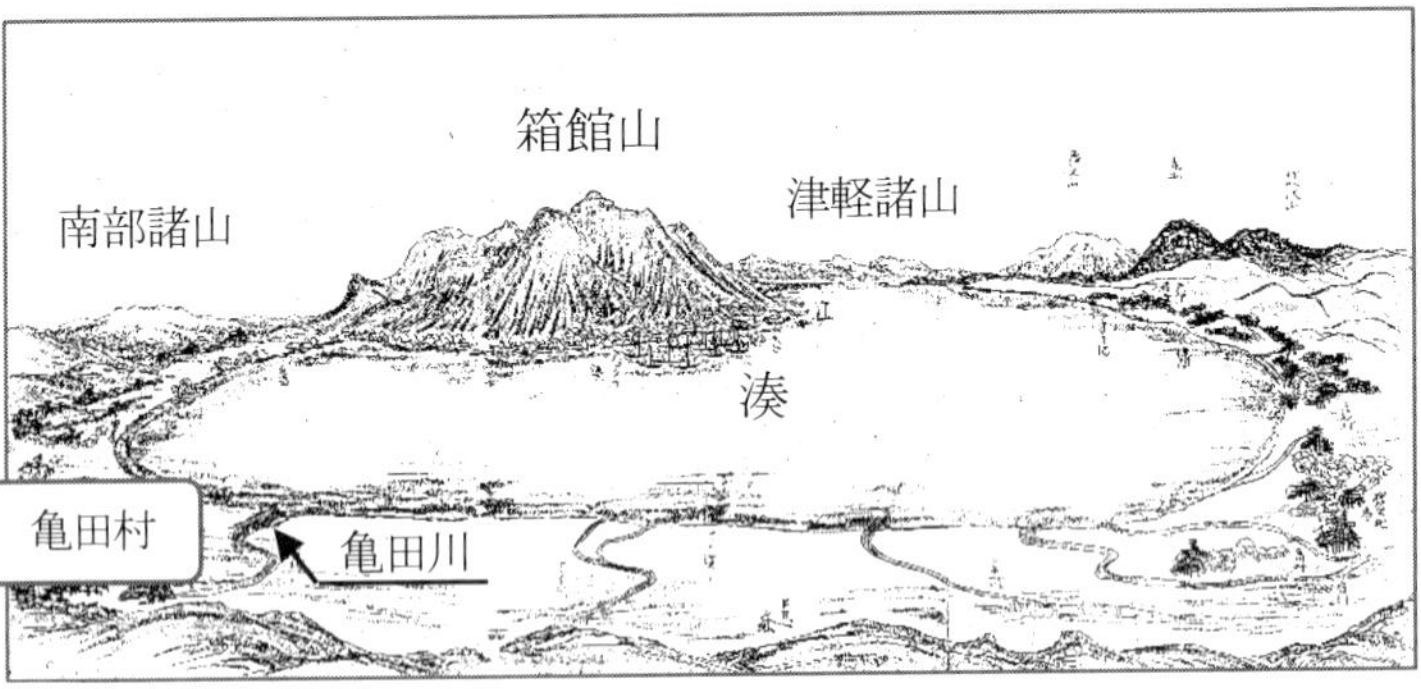

箱館山をのぞむ（寛政11年筆）（＊19）

北上する。

江戸の霊岸島《れいがん》から苦楽を共にしてきた仲間との最初の別れである。長い道中、意見の隔たりやもめごとは多々あったが、進むにつれ、互いを尊重できる度量が備わってきた。さすが異境に住める者として選び抜かれた女房たちである。それだけに、別れの情は格別である。

「また会えますよね！」

「会えますとも…きっと！」

二度と会うことはないと分かっているのに、絶対の意思を込めて再会の言葉を使う。気丈を装っているが、声は詰まる。涙を流すまいとしても目が潤む。

立ち止まり、会釈し、また歩を進め、振り返る。名を呼び、再会の声をかけ、また手を振る。姿が見えなくなるまで同じ仕草を繰り返す。

祐助たち八王子の三家族は、一緒に亀田川を北上した。

石坂武兵衛は三里先の七重《ななえ》村（亀田郡七飯町）へ、杉山良左衛門は十八里先の山越内《やまこしない》村（茅部郡八雲町）へ、祐助は六十里先の勇払《ゆうふつ》（苫小牧市）へ向かう。裕助家族が一番遠い。

原生林を切り分けた道を、鹿の群れが横切っていく。角をためた牡鹿を先頭に、雌鹿と仔鹿を合わせた二十数頭の群れは、人を警戒することなく悠然と進んでいく。

「橘太郎、仔鹿が見ているよ」

梅は、立ち止まりこちらに向かって鼻先を上下する仔鹿を指さした。橘太郎が気づいて立ち止まると、仔鹿は鼻を上げ、匂いを嗅ぐ仕草をする。

橘太郎が前に出ると仔鹿は後ずさりし、仔鹿が前に出ると橘太郎が下がる。行きつ戻りつを見ていた梅は、奇しくも母鹿と目があった。つい微笑みながら会釈してしまう。間もなく仔鹿は母鹿の後を追って原生林に消えた。

「橘太郎、仔鹿と話ができたのね」

橘太郎は「意気投合したよ」とでもいうように目を輝かせた。動物や人にかかわらず、幼いもの同士が持つテレパシーが通じたのであろう。幼子のいない勇払では、橘太郎の友達は幼い動物である。新芽の草花とて友達になる。この日の仔鹿はその前触れといえる。

亀田村を出てから三里、七重村についた。石坂武兵衛の赴任地である。

八王子の仲間との最初の別れである。

武兵衛の妻は梅を気遣い、「必ず会おうね」と声をかけるが、容易に会える距離ではないのを知っている。手を握り見つめ合うが、手は容易に放さない。自然、頬が濡れる。

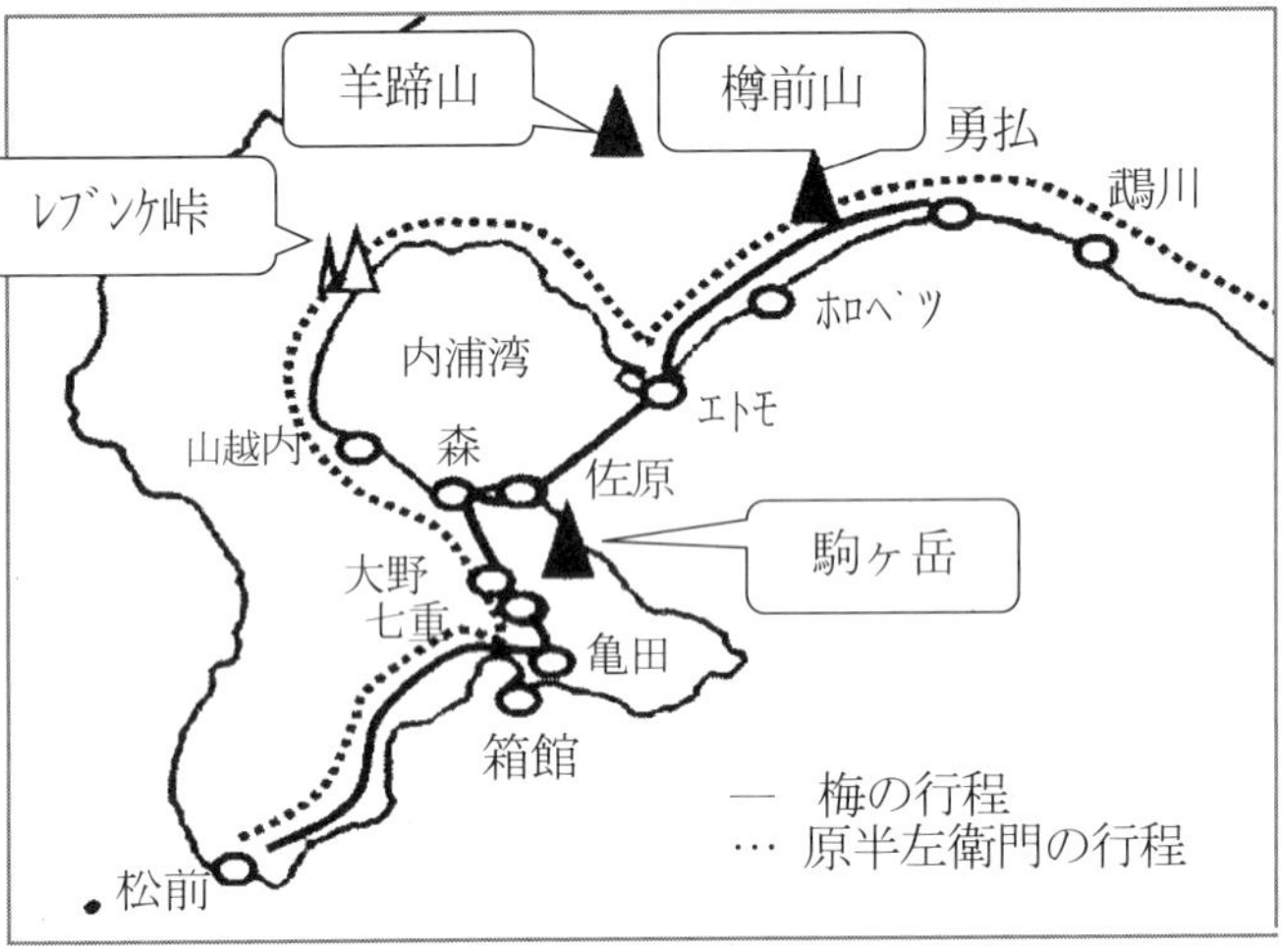

梅と原半左衛門の行程

その日の夕方、箱館より七里の大野村に着くと、裃《かみしも》を着た庄屋が村境まで迎えに来ていた。

大野村は四十軒余と比較的大きな村である。江戸の武家の女房が子連れで来るという知らせに、大勢の村人が集まっていた。鷹が獲物を探すような鋭い視線が飛んでくる。

「ようこそ来られましたな…江戸から…」

庄屋は〝江戸〟を強めて深々と頭を下げた。

「お出迎えご苦労にございます」

良左衛門と祐助も丁寧に返した。

「時代が変わりましたなあ。昔は奥蝦夷へ入るお武家様は松前様だけでしたのに、近頃は江戸のお武家様が通り、此度はお武家様の奥方様がお子を連れて来るというのですから…。村の者は仰天しております」

村人の興味は女子供である。良左衛門の妻と梅ににじり寄り、探る目つきで声をかける。

「勇払へ行くってかい？　あんな所にシャモ（和人）の女はいないよ！」

「そんな所へ行って何をするのかね！」

「江戸の女子《おなご》はたまげたもんだ！」

遠慮がちだった村人たちは徐々にすり寄り、女子供の着物に触る。橘太郎は、そんな村人を怖がり、梅の体にしがみつく。繰り返されるぶしつけな言葉や視線は、宿まで追いかけてきた。

翌日、庄屋は村境まで送って来た。村人もついてくる。

村のはずれには、柵が倒れ、朽ちかけた小屋があった。一年半前まで、松前藩の番人が往来を監視していた関所である。小屋の脇には、「外国人や蝦夷人との取引を禁じる…幕府にとがめられる行動を戒める…持ち物をきちっと記帳する…」等々五箇条の覚書を記した立札が捨て置かれていた。

去年まで、ここが和人地と奥蝦夷の国境《くにざかい》だったと分かる。

「お気をつけてお出かけください」

庄屋は丁寧に一行を見送る。

村人たちは、昨日とは一転して神妙である。彼らにとって国境の先は今でも〃不入りの場所〃なのである。江戸の女子供が本当に越えて行くのかと興味津々である。

梅たち女子供が国境の跡を越えると、一斉にどよめいた。

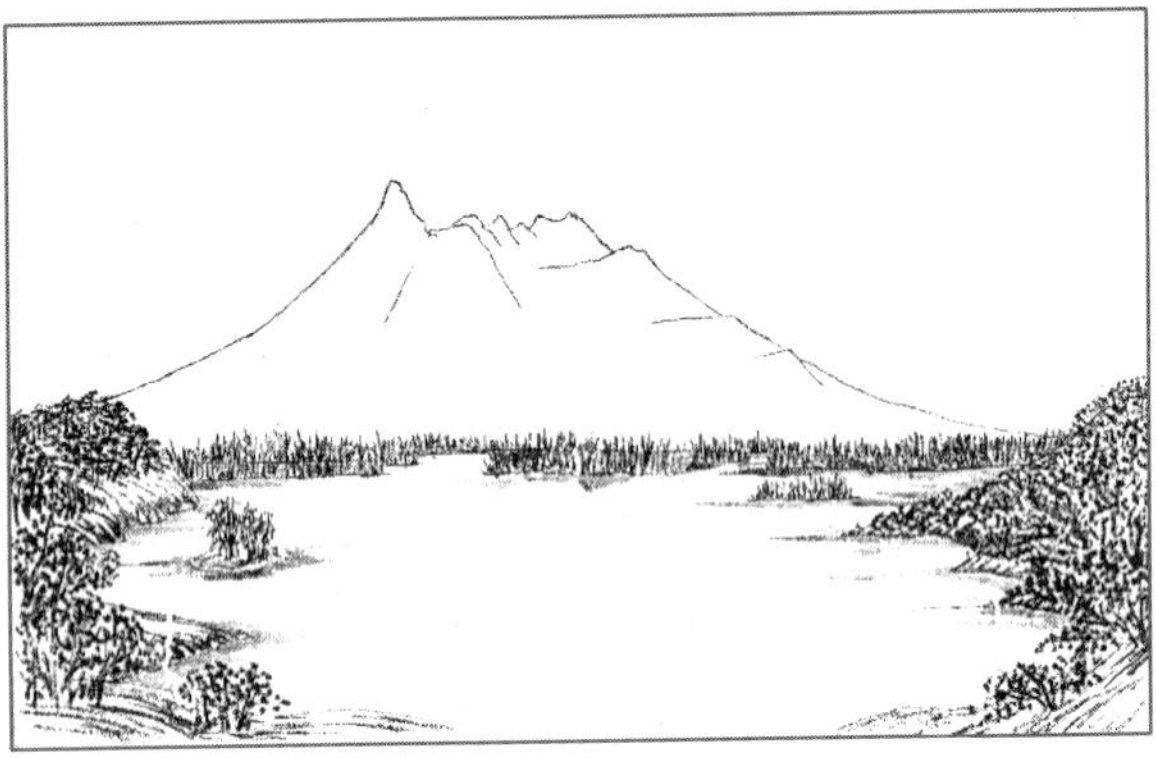

大沼と駒ヶ岳　（寛政11年筆）　（＊19）

一瞬の静寂の後、気遣う声が漏れる。

「気をつけてなあ…」

梅は村人の思わぬ反応に驚きながら頭を下げた。

一行は大沼峠にさしかかった。急な坂道を登りながら振り返ると、後に箱館山が見える。峠に立つと、前方に赤い山を写す湖面が見える。赤く焼けこげた駒ヶ岳（内浦岳）が、大沼と小沼に映っている。

案内人は、大沼に走る水紋を指さした。

「あの水紋は、鹿を呑み込む大アメマスかもしれぬ。気をつけなさいよ！」

沼にさしかかると、梅は橘太郎をかかえて小走りに通り抜けた。沼を離れると、橘太郎の両手両足をさする。身の安全を確かめていた。

大沼を過ぎて四里、内浦湾にでた。森村（茅部《かやべ》郡森町）に着く。海沿いには萱《かや》囲いの家が数軒並んでいる。祐助たちの姿を見ると、髪を長く伸ばした男たちが出てきて、あぐらをかき、手を二度、三度と上にあげては頭を伏せる。

案内人は彼らの仕草の意味を教えてくれた。

「この人は乙名《おとな》（首長）です。初めて会う人や親しい人と交わすオムシャという儀式で私らを歓迎しているのです」

梅は初めてアイヌに対面した。言葉は分からない。

乙名と言われたアイヌは精悍な顔つきだが、梅や橘太郎に向ける目は優しげである。

明治時代に北海道を探検したイギリスのイサベラ・バードは、アイヌの人たちを次のように観察している。


（男は）獰猛《どうもう》そうに見えるが、胸幅は広く体格は力強さに満ちている。顔つきは明るい微笑に輝き、女のように優しい。目は澄み表情は柔和である。豊富な黒い髪が肩近くまで垂れ下がり、髭《ひげ》も豊富である…。

（女は）勤勉で貞節である。すらりとまっすぐな身体はしなやかに発達している。髪は男と同じに顔の両側に垂れ、にっこり笑うと惜しみなく白い歯を見せる。口の上にも下にも帯状の入れ墨をしている…。

（アイヌの人は）無関心なのか礼儀正しいためなのか、日本人の場合と違い、じろじろ見たり、どっと押しかけることをせず、いつも丁寧に挨拶する(＊22)。

礼文華会所と峠への道　（＊24）
（干潮時は岩礁の海沿いに、満潮時は階段を登る）

梅もまた、同じように観察したであろう。

内浦湾を前に、また悲しい別れが来た。

祐助らは右に折れて三里先の佐原《さはら》の湊へ向かい、杉山良左衛門らは左に折れて七里先の山越内《やまこしない》村へ向かう。

山越内《やまこしない》村の先は、蝦夷屈指の難所である礼文華《れぶんけ》峠（長万部《おしやまんべ》町）がある。

ここを踏破した幕吏遠山景晋《かげみち》の紀行文がある。

　左に屈し右に曲がり、幾重にも登る山道に躊躇《ちゅうちょ》し、倒木や谷水の流れに足を止められ、樹の根や笹の根、棘《いばら》に衣を裂き、足を傷《やぶ》る様に千辛万苦の道のりなり。凡《およ》そ四里と聞くが、行けども行けども尽きず、六、七里にも覚える(＊23)。

屈強の男でさえ難渋している。

原半左衛門ら百人はこの峠を踏破したが、女子供には到底叶わぬ道である。

祐助たちは海路をとった。

良左衛門の妻は「また必ず会いしましょうね！」と梅の手を握る。山越内《やまこしない》には一年半前から和人家族が入植しているが、勇払にはいない。

梅も握り返す。それ以上の言葉は出ない。梅の事情を気遣うのに相応しい別れである。

祐助家族はここから単独行となる。

翌日、佐原から二百石積船に乗り、内浦湾を横切って七里先のエトモ（室蘭市）を目指す。

船からは、海に浮かぶように駒ヶ岳の全容が見える。山の峰は吹き飛んだように窪《くぼ》み、焼けこげた赤土が剥《む》き出し、裾野をゆったりと海に広げている。駒ヶ岳を背にして沖に出ると、体長十尺（三メートル）もある大魚が舳《へさき》に群れて併走し始める。梅は驚いて橘太郎を引き寄せた。鹿を呑み込む大アメマスだと思ったからである。梅の慌てぶりに案内人は笑った。

「あれはイルカという魚で襲いはしないよ。船を先導してくれる優しい魚だ。可愛いもんですぜ」

恐れが物珍しさに変わる頃、橘太郎は船縁に手を出してイルカを手招きした。二日前の仔鹿と同じように、幼い者同士のテレパシーを楽しんでいる。

イルカは橘太郎に呼応するように体をくねらせ、飛沫をあげ併走していたが、まもなく消えた。

船は荒波に削られた洞が見える岬を廻り、大黒《だいこく》島を左舷に見ながら、白鳥潤《はくちょううるま》と呼ばれる湾に入った。船はエトモ村に着いた。十数軒の家が並ぶ。

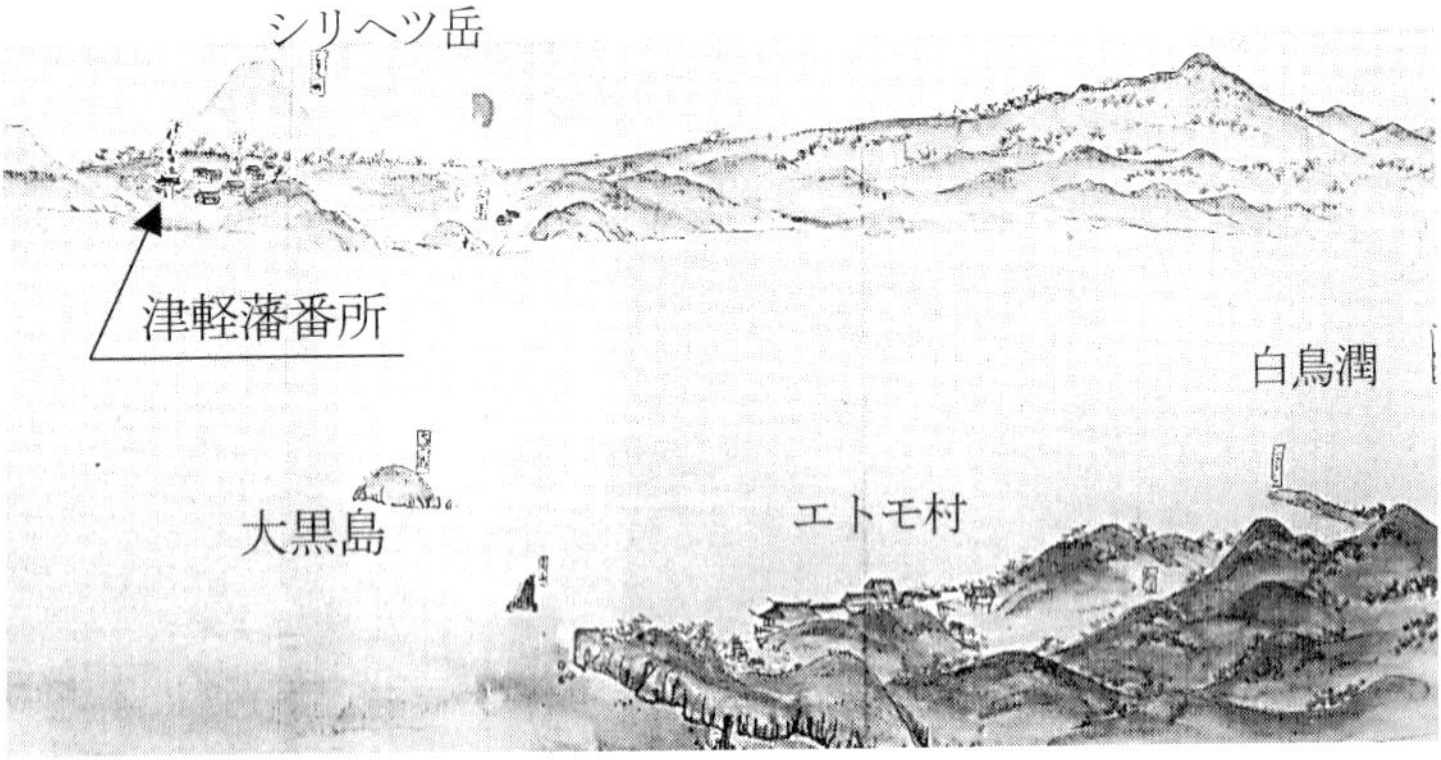

エトモ村の周辺図　（＊25）

佐原を朝五つ半（午前八時頃）に出て、エトモに着いたのは九つ（正午）である。およそ四時間の船旅だが、順調だったので酔うこともなかった。

対岸のモロラン村では卍《まんじ》の大旗がたなびいている。津軽藩番所では湾に入る一艘一艘を監視しているのである。その先にはシリヘツ岳（羊蹄山）が遠望できる。

この白鳥潤《はくちょううるま》には、四年前の寛政八年（一七九六）、イギリス船が湾の水深を測りながら寄港し、水と薪と食料を補給している。よほど利便性が良かったせいか、翌年再び来航した。

寛政十年、これに驚いた幕府は、大規模な蝦夷地調査団を派遣する一方、津軽藩と南部藩に東蝦夷地の警衛を命じている。

この事件は、梅や千人同心隊が蝦夷へ来るきっかけになっただけに、因縁の場所ともいえる。

村人達は、大男の怖さを興奮気味に語ってくれた。

「そりゃあ肝が飛び出るほどびっくりしたさ！　見るからに髭もじゃの閻魔様だ。慌てて女子供に煤《すす》や墨を塗りつけ、山に逃がしたもんだ」

外国船が湾を離れた後、女子供を山から戻したが、棘《いばら》の藪《やぶ》に隠れていたので、手も足も血だらけになり、魂が抜けたようだったと、当時を悲しそうにふりかえる。

梅は閻魔《えんま》様のような大男が大勢で押し寄せる光景を想像しながら、身震いして聞いていた。

エトモを出発して四里半、ホロベツ（登別市幌別）に入った。

高台には会所詰所の建物と赤い鳥居の弁天社が並び、その先に津軽藩の番所がある。浜辺に張り付くようにアイヌの家が十軒ほど並ぶ。四、五十人が住まうという。

集落とはいっても侘しい佇《たたず》まいで、松前や箱館を知る者なら狐狸の世界に見える。旅宿に入ると宿の主が、和語を解するアイヌ青年を紹介してくれた。

梅は、これまでアイヌとの会話は通詞役の案内人を介していたが、今日は直接その青年に和語で話しかけた。

「私はウメと言います。あなたの名前を教えて下さい」

「ウメさんですか？　私はシラカシです。どうぞよろしく」

少したどたどしいがしっかりとした和語で返してきた。梅が聞き取れないと分ると、ゆっくりと語り、言葉が足りなければ、手足を動かして補足する。伝えようとする心が見える。

通詞を介するのは、今流に言えば画面を通した文字面のやりとりに等しいが、目を合わせ、声を交わすと、声や表情に相手の心が映り、情が見える。

ホロベツ場所　（＊24）

青年は純で媚びる様子もなく、会話は新鮮だった。

宿の主は、「彼らに酒を与えると浄瑠璃を謡ってくれる」という。祐助は酒を注いで「是非に」とお願いし、梅も「お頼みします」と頭をさげる。

アイヌたちは喜び、浄瑠璃を謡い始める。

謡い手は三味線の撥《ばち》をたたくように手で体をたたき、仰ぎ伏しながら節をつける。ほかの二人は薪《たきぎ》を取り、鼓《つづみ》をたたくように拍子をとった。謡い手は撥《ばち》と鼓《つづみ》の呼吸に合わせて、表情や手の動き、節回しに緩急をつけて謡う。

義経のことを謡っているのだという。そう言われて節や動きを追うと、節回しや表情に戦いや逃亡や自刃の様子が漂う。

祐助と梅は、しばし謡いを楽しんだ。

蝦夷で浄瑠璃とは思いもよらなかったが、この頃、国の隅々まで広がっていたのである。

ちなみに、高田屋嘉兵衛の浄瑠璃好きはよく知られ

郵　便　は　が　き

料金受取人払郵便

八王子局承認

203

差出有効期間
2024年6月30日
まで

1928790

056

〔受取人〕
東京都八王子市
追分町一〇－四－一〇一

揺籃社
行

●お買い求めの動機
1, 広告を見て（新聞・雑誌名　　　　　　　　　　　　）2, 書店で見て
3, 書評を見て（新聞・雑誌名　　　　　　　　　　　　）4, 人に薦められて
5, 当社チラシを見て　6, 当社ホームページを見て
7, その他（　　　　　　　　　　　　　　　　　　　　　　　　）

●お買い求めの書店名
【　　　　　　　　　　　　　　　　　　　　　　　　　　　　】

●当社の刊行図書で既読の本がありましたらお教えください。

読者カード

今後の出版企画の参考にいたしたく存じますので、
ご協力お願いします。

書名〔　　　　　　　　　　　　　　　　〕

お名前《ふりがな》　　　　　　　　年齢（　　歳）
性別（男・女）

ご住所　〒

TEL　（　　）

E-mail

ご職業

本書についてのご感想・お気づきの点があればお教えください。

書籍購入申込書

当社刊行図書のご注文があれば、下記の申込書をご利用下さい。郵送でご自宅まで1週間前後でお届けいたします。書籍代金のほかに、送料が別途かかりますので予めご了承ください。

書　名	定　価	部　数
	円	部
	円	部
	円	部

収集した個人情報は当社からのお知らせ以外の目的で許可なく使用することはいたしません。

ている。航海には浄瑠璃本を必ず持参し、カムチャツカ半島に漂着した時も持っていたという。

ホロベツを発って進むと、再び卍《まんじ》の大旗が見えてきた。シラオイ（白老郡白老町）会所にある津軽藩の番所である。バタバタと音をたてて翻《ひるがえ》る大旗は、オロシア船を威圧する力を感じる。

シラオイを過ぎると、海沿いには枯れ木が、重なる浮瑳《うきさ》（いかだ）のように打ち上げられている。山沿いには、頂上が焼けこげ、煙を吹きあげているヲアイノホリ（樽前山）が見えてきた。

更に進むと、ずっと海に沿っていた丘陵が消えて一面が平原に変わる。勇払原野が現れた。海の水平線と陸の地平線が、はるか遠くで重なっている。

大河が見えてきた。川幅三十間（五十四㍍）、深さ三、四尺（およそ一㍍）、水の流れは強く、川口まで海船が入れるほどである。エトモから二日目、十八里の道のりを経てたどり着いた。

対岸では大勢の人が手を振り、祐助や梅の名を呼んでいる。

「祐助様見て下さい。原新介様が手を振ってますよ！」

梅は橘太郎を抱き上げ、手を振り返すと、思わず涙が出てきた。

ここが八王子を出てから三百五十里余、目指してきた勇払である。

流れる涙は、日々成長してきた橘太郎への喜びであり、心身ともに支えてくれた祐助への感謝であり、そして蝦夷に生きる手応えを感じている自分への褒美でもあった。

松前や箱館を一歩離れて奥蝦夷へ入ると、粗末な茅葺《かやぶ》き家が身を寄り添うようにポツンポツンと立っている。

そこに住む人々の目は澄んではいたが、時には鋭い目線にも出会った。

梅はその奥底に潜む深い意味を、まだ知りようもない。

解説二〈蝦夷への道〉参照

㈢　障子の穴からのぞく眼　……186

㈣　アイヌの蜂起　……187

三章　蓋《ふた》を開ける者

（1）勇払の空

祐助と梅は、対岸の声に引かれるように渡し舟に乗った。

見知った千人同心隊の面々が歓喜の声をあげる中、最前列に原新介と並んで帯刀する武士がいた。年恰好は祐助と同じくらいに見える。

その武士は舟が岸に着く前に川に入り、橘太郎を舟からすくいあげた。

「河西家御一同をお待ちしておりましたぞ」

橘太郎は、その武士の腕に抱かれてキョトンとしている。

「お迎え頂き恐れ入ります。在住を拝命致しました河西祐助にございます。そして妻の梅と嫡男の橘太郎にございます」

「高橋治大夫《じだいぶ》と申します。拙者も江戸に同じ年頃の子を残しておりますので、つい我が子のように抱き上げてしまいました。ご無礼のほどお許し下され。さて挨拶は後ほどとしましょう、待ちかねている方々がたくさんおりますゆえ…」

高橋治大夫《じだいぶ》は勇払会所の責任者であるが、言葉や仕草はすこぶる丁寧である。治大夫が群衆の後ろに下がると、待っていたように原新介をはじめ千人同心隊の隊士たちが祐助と梅を囲んだ。

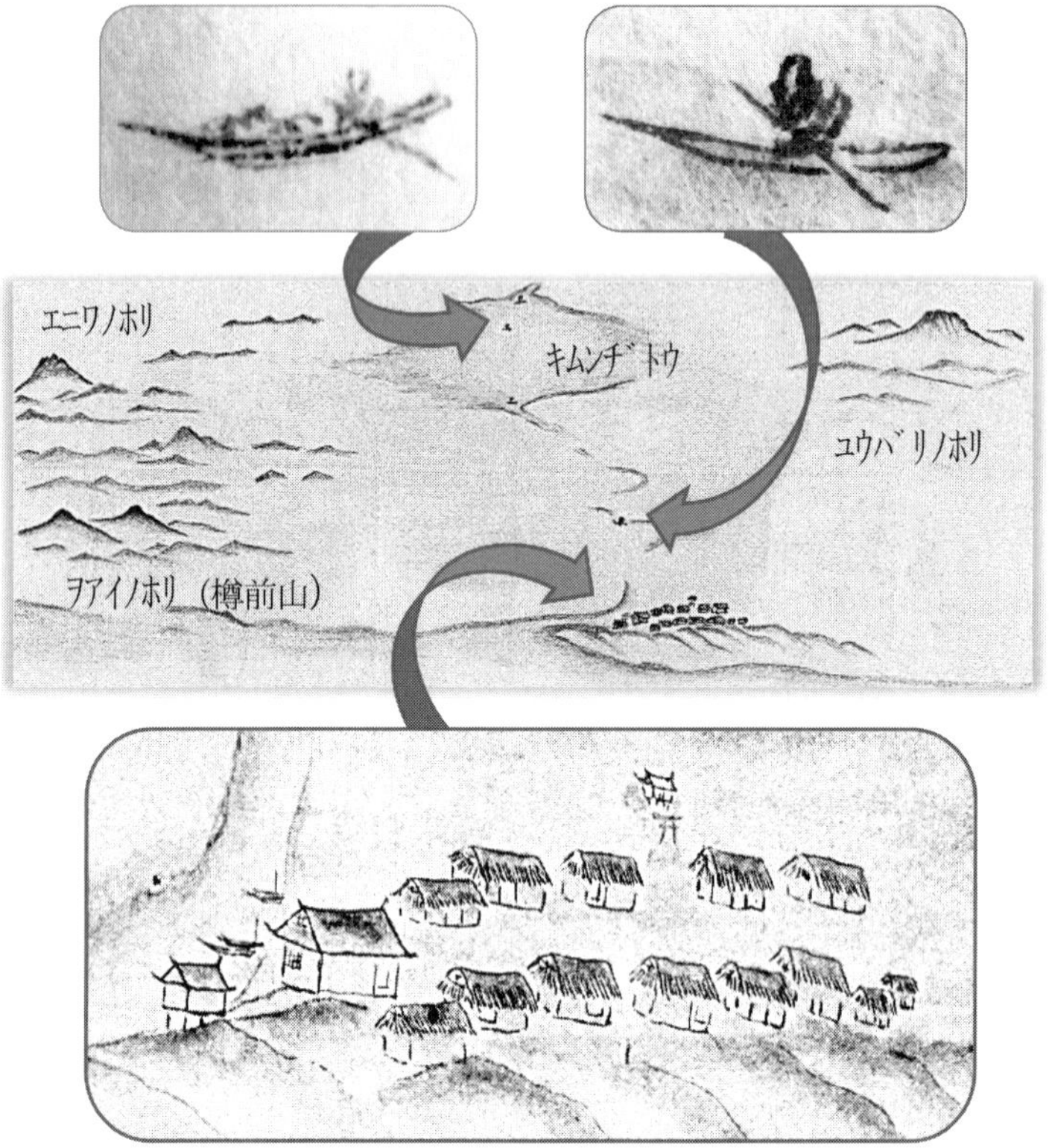

勇払場所の周辺図　（寛政 11 年筆）（＊26 ）

㊤　交易のため勇払を往来する小舟

㊥　周辺全体の模写図

（キムンヂトウはウトナイ沼のことか？）

（沼と川にある四点は小舟の絵）

㊦　勇払場所の集落図

（赤い鳥居の弁天社が右上にある）

「お待ちしておりましたよ…祐助様、梅様」

この三月、多摩川べりの壮行会で見送った面々である。

「よくぞご無事でお越し下さいましたね…」

隊士たちは感極まり、祐助や梅の手を握り、橘太郎を抱き上げる。八王子では厄介者の身が上位の組頭《くみがしら》に気安く触れられるはずもないが、今はそれを気にする者も咎《とが》める者もいない。

蝦夷で〝待ち人〟を迎えた者たちは目を潤ませ、声を震わせ、顔をくしゃくしゃにする。動きとて、三人の周りを行ったり来たりを繰り返すばかり。感動の体現はぎこちない。

再会の喜びが一段落すると、原新介は祐助らを会所の詰所《つめしょ》へ案内した。

（註：会所を庁舎とする図説もあるが、本書では会所を行政区域、詰所を庁舎とする）

倉庫など建物の多くは茅葺《かやぶき》だが、詰所は板囲いである。

詰所の中では、高橋治大夫の他に数人が待っていた。

「遠路の旅、誠にご苦労でした。蝦夷の道が整わぬゆえ、梅殿、橘太郎殿はさぞかし難儀したでしょう。とにかく無事にお迎えできて実に嬉しい」

治大夫は、三人の長旅の労をねぎらい、自ら茶をすすめる。

「さてこれから同じ仲間となるので、それぞれを紹介致しましょう。先ずは拙者から」

治大夫は蝦夷へ来た顛末から語る。

治大夫が蝦夷の事業を知ったのは、将軍警護役の御先手《ごさきて》同心の時である。話を耳にした時、真っ新《さら》の紙に我が意を大筆で墨書するような蝦夷の開国に、醍醐味を覚えて転じたという。

主たる任務は、江戸と蝦夷間の航路を見極めることで、官船政徳丸に乗って江戸から根室へ入り、厚岸や根室など寄港地を検分したという。勇払会所の開設では、請負商人から倉庫や支配人などを受け取り、今は会所を束ねている。その一方、松平忠明ら五有司の直属として各地の検分にも出るという。

「一人三役の身にて、拙者が留守の間は河西殿にお任せするのでよろしく頼みます」

治大夫の語り口は終始、尊大ぶらず、威張らずと役人らしからぬ口調である。

「さて河西殿、貴殿の存念を聞かせてはくれまいか」

治大夫に促されて祐助は立ち上がる。

「蝦夷開国のこの時機に勇払勤めを命じられましたこと、男の本懐にございます。妻子ともどもお役に立てると信じ、身を賭す覚悟で参じました」

祐助は、親への考より主君への忠を選び、喬木《きょうぼく》から幽谷《ゆうこく》へ降りた心境と、蝦夷の休明開国に出合えた喜びを語り、迷いはないと言い切る。

「家族ともども、喜んでこの道を進みます」

梅が信じてくれているからこそ言える言葉である。

次に原新介が立った。

「河西殿、梅殿、よくぞ決心されて参られましたなあ」

新介は、幼子を連れて来た苦労をねぎらう。今年で五十一歳になるが、半左衛門の弟分なので厄介者の身分でもある。それだけ苦労を知っているはずなのに、その素振りは見えない。

「蝦夷の原野は痛快ですよ、鉈《なた》や鍬《くわ》を一振りすると瞬《またた》く間に畑に変わるのでから。我ら半農の身には夢を存分に託せる場所です。みな、住めば都と信じて開拓に励んでおりますよ」

しかしこの時、幕府が開拓に適地と見立てた勇払原野は、実は樽前山の噴火による火山灰や湿地帯のため、耕作には不向きだったのである。しかも、警衛という国造りのために、隊士たちは道路開削や旅宿など官営施設の造営などに駆り出され、開拓は進んでいなかった。

それでも新介は、これら期待はずれの事態を愚痴ることはしなかった。

治大夫は次に控える二人を紹介した。

「月輪安済《つきのわあんざい》殿と大司馬伊織《おおしまいおり》殿だ。二人は江戸の医者だが、蝦夷のお雇い医師に志願して当地に来てくれました。勇払から襟裳《えりも》までを診ております」（*27）

月輪安済《つきのわあんざい》と呼ばれた男の口元に、少し照れ笑いが浮かぶ。

「正直、俸禄が高いので志願して参ったが、通詞は五臓六腑の言葉を知らぬので、病《やまい》の見立ても難しく薬の調合も難しい。それに…江戸では二里や三里ですむのに、ここでは道の整わぬ中、数十里を往来するので…とにかく広いこと…遠いこと…」

彼らは開国の大義よりも高い俸禄につられて来たと悪びれずに語り、愚痴もでる。

続いて、顔や腕に傷痕の残る男が紹介された。

「徳右衛門殿だ。運上屋の時代からここで通詞を兼ねて支配人をやっていたので、引き続き勤めてもらっている。顔に残る傷痕は、十一年前、反乱した蝦夷人に襲われた時のだそうだ」（＊14）

この反乱とは、アイヌが国後島《くなしり》とメナシ（根室）で蜂起した事件をさす。

徳右衛門と紹介された男は、「蝦夷人に襲われた」という言葉に目をピクリとさせた。

「わきまえ知らずにて、お引き回しのほどよろしくお願い致します」

伏し目の顔を少し上げたが、多くを語らなかった。

「徳右衛門殿は、勇払のことならよく知っているので、何でも相談するがよい」

治大夫は、言葉少ない徳右衛門を補足すると、次に控える四人を紹介した。

「通詞の者たちだ。蝦夷人の言葉に通じるので、交渉時には助けを借りるがよい」

「よろしくお頼み申します」

通詞たちは合唱するように一斉に挨拶する。

さらに彼らの他に、支配人のもとで荷出しなど外回りをする番人が数人いるという。

治大夫は、皆の紹介が終わると梅に向きなおった。

「梅さん、もうお分かりでしょうが、ここにいる女は梅さんだけです」

梅の反応をうかがっている。

「ご苦労もあろうが、先ずは河西家を支えて下さい。そのためには御身大切が一番です」

松前藩は奥蝦夷を女人禁制にしていた。そのため、商人支配の交易場所は、商人や出稼ぎ人、取引するアイヌが出入りする男の世界である。ただ、彼ら目当てに酒屋や茶屋など筵《むしろ》がけの店に和人女がいた可能性もあるが、所詮は男だけの世界であった。

梅は、治大夫の心遣いに礼を言いつつ、自分の思いを話した。

「蝦夷へ渡る決心をしてから今日まで、迷うことも悔いることもなく足を進めて参りました。それゆえ、祐助様を支える気持ちが変わることなどございません。ただ男の世界に飛び込んで来た身ですから、皆様方の足手まといになりはせぬかと心配しております」

治大夫は頬を緩めた。

「足手まといなどとはとんでもない。反って我らが梅殿の邪魔にならぬよう心を入れ替えねばなりますまい。さてさて梅殿の心丈夫に安堵しました。気安く詰所へおいでなされ。男所帯でも気晴らしになりましょう」

そして、治大夫は最後を締めるように添えた。

「我ら縁あって勇払百年の計を成す者。互いに力を合わせましょうぞ」

詰所で一通り顔合わせが終わると、新介は祐助たちを官舎へ案内した。

詰所の前でたむろする番人たちの中には、梅を見て卑猥な声をかける者もいたが、ヨチヨチ歩きで無邪気に振る舞う橘太郎に声をかけ、追いかけ、抱き上げる。番人たちは童心に帰っている。

新介は、屋根に頭ほどの石を載せた茅葺《かやぶ》きの建物の前で止まり、表戸を引く。戸は建付けの悪い音をきしませた。

「ここが河西家の官舎です。元は倉庫だったので少しは整えておきましたが……」

新介たち千人同心隊の住まいよりはずっとましだが、それでも新介の声は途切れる。

屋根裏や壁は茅や板囲い、土間に流しと竈《かまど》、板間には囲炉裏、奥には畳が敷いてある。

今流に言えば１ＬＤＫ、当時でいえば〝九尺二間《くしゃくにけん》〟の造りである。江戸の長屋は、間口九尺（二・七メートル）奥行二間（三・六メートル）だったので、そう呼ばれていた（＊28）。

しかし、九尺二間《くしゃくにけん》より広いとはいえ、祐助が穹廬《きゅうろ》と呼んだように、天幕でも張り合わせて雨露をしのぐ程度の粗末な造りであった。

祐助も梅も驚いたであろうが、さすがに本心を言葉にはしなかった。

「梅、この先苦労をかけるがよろしく頼む」

「ご心配などご無用にございます。この空の下に住む限り〝住めば都〟ですから」

樽前山が夕陽を背に赤黒く浮かぶ中、半端ではない蝦夷の暮らしが始まった。

(2) 皆川周太夫の内陸調査

寛政十二年十月二十五日、雪が舞う冬へ向かう頃である。

東の方角に目を凝らしていた人だかりに歓声があがった。

「周太夫《しゅうだゆう》ではないか？　周太夫だ！」

蓑笠《みのがさ》を振りながら、男が浜辺伝いに歩いてくる。

周囲から「周太夫！」「皆川殿！」「よく帰って来た！」の声が飛び交っている。

内陸道調査から戻って来た皆川周太夫である。

そもそも内陸道の構想は、オロシアから国を護る警衛の一環である。

海岸通りでは難所も多く、オロシア船の攻撃を受ければたちまち補給路が断たれてしまう。このため箱館から択捉島《えとろふ》まで、武器弾薬や兵糧を確実に補給できる内陸道を確保しようと考えたのである。

これに沿い、松平忠明は十勝川・石狩川・サツホロ川（豊平川）の調査を勇払隊に命じた。命を受けた原新介は、地理や算術に明るく、気力、体力が強固な皆川周太夫を選んだ。

周太夫が十勝川河口を目指して出発したのが八月十九日、その日から六十六日目になる。

十勝川から石狩川へ通じる道筋があれば更に内陸を進む予定であったが、それが叶わず石狩川を断念し、沙流川に進路を変え戻って来たのである。

周太夫は一人で未開の地を踏破してきた。それでも気負いもなく穏やかな顔つきである。出迎えた人たちは彼の手を握り、肩を抱き合い無事の帰還を喜んでいた。

周太夫は詰所へ向かう途中、橘太郎の手を引く梅に気づいた。

「梅さんですね。お名前は調査に行く前に千人同心隊の方々から聞いておりましたよ」

梅は周太夫とは初対面である。周太夫は梅が到着する少し前に出発していたからである。

「拙者は次の道を探しに出かけますので、江戸の話は後の楽しみに残しておきましょう」

周太夫は橘太郎を抱き上げた。

「何という名か？」

「そうか橘太郎か、良い名だ」

「歳はいくつか？」

「そうか二歳か。壮健で何よりだ」

「ここの住み心地はどうだ？」

「そうか、住み良いか。それは良かった」

「十勝川の話を聞きたいか？」

「そうか聞きたいか！　なら一緒に来るがよい」

周太夫は橘太郎を腕に抱え、梅の声を耳にしながら独り語りを楽しむと、そのまま高橋治大夫や祐助、原新介のいる詰所へ向かう。梅も後をついて行く。

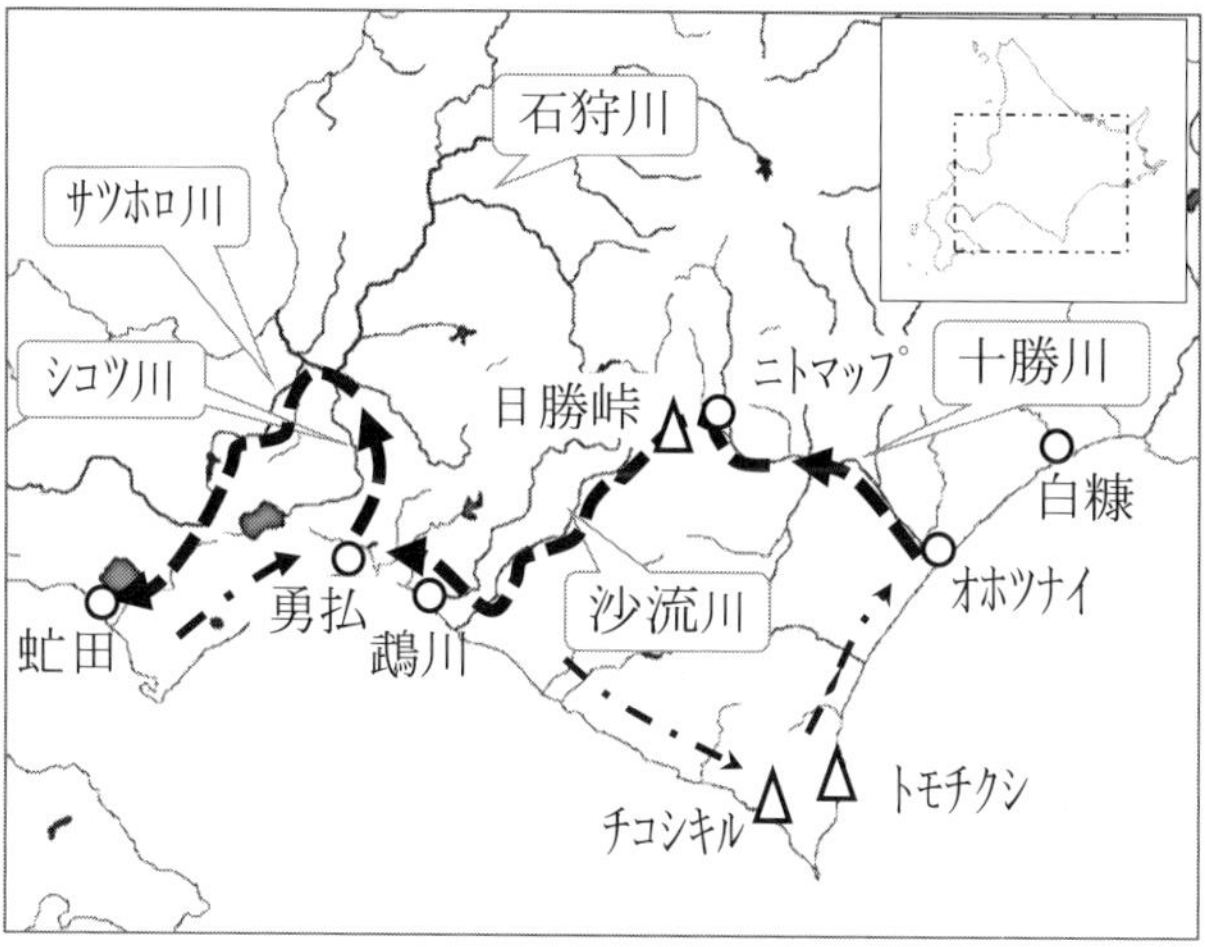

皆川周太夫の内陸行程路（点線部）

到着の挨拶を済ませた周太夫は、橘太郎を梅に渡すと、道中で書き留めた記録と絵図を広げた。

彼の全行程を、仮に第一次、第二次に分けると、この日の報告は第一次にあたる。

・第一次調査（十勝・沙流川）
勇払を発し太平洋岸を周回→オホツナイ→十勝川→ニトマップで石狩川情報を収集→沙流川→鵡川→勇払着
（8月19日発、勇払10月25日着：所要66日）

・第二次調査（シコツ・サツホロ川）
勇払を発しシコツ川遡上→サツホロ川→虻田→勇払着
（10月28日発、虻田に11月21日着：所要23日）

太平洋岸には、『休明光記』でも特記している蝦夷屈指の難所がある。

チコシキルの海岸通り（＊19）

抑《そもそ》も此所にはチコシキル、トモチクシなどという所ありて蝦夷第一の難所なり。或《あるい》は縄《なわ》を下げ梯《はしご》をかけて渡り、または巌の間をくぐり、或《あるい》は浪の打寄せる隙をみて飛越える所もあり。ほとんど人跡を絶する程の難所なり（＊4）。

これが内陸道を計画する理由の一つである。

周太夫は、十勝川河口のオホツナイ（大津）から絵図をなぞり始めた。

「十勝川は平原の奥から湧き出る如く、水は豊かで高瀬船も通れる大河です。しかも、川筋には千人の蝦夷人が住むので新道開削の人手も確保でき、街道を開くに申し分のない場所です」

周太夫の指は上流に進み、「野宿を重ねて二十日余り…」と口ずさみながらニトマップ（上川郡清水町人舞）辺りで止まる。

「ここで石狩川への道筋を土地の者五人に尋ねたところ、なんと返事は異なるものばかり…」

周太夫の目元は唖然とした表情に変わり、ため息がもれる。

山越えをした者もいたとか…、あきらめた者もいたとか…、はて何日路かかったものか…などと曖昧な返事ばかり。そのうえ、山越えの案内を頼んでも、引き受ける者はいなかったという。

このため石狩川への山越えは断念し、沙流川へ変えたという。そこから沙流川筋までは、十二里余二日路で、案内人もすぐに見つかった。

それにしても、石狩川断念の無念さは、周太夫の渋面に出ている。

ニトマップを離れた指先は、沙流川へ向かう途中で止まった。

今の日勝峠（標高千メートル）辺りである。

「峠を登り切り、振り返った絶景には言葉を失いました…縦横に遮る物のない世界…それを見下ろす爽快さ…どれもこれも言語に尽くし難い景色は石狩川への無念など消し飛ばしてくれました」

周太夫の口調や目には、当時の感動が浮かんでいる。

「青天ならば寅の方（北東）三十里にはマチネシリ（雌阿寒岳）の雄姿が浮かび、辰の方（南東）二十里には大海が広がるはずだったのに、その節は曇天にて確かには見えかねず、とても無念でした。

それでも、天と海と山を従える大地は、幽玄の世界そのもので、声をたてれば吸い込まれ、見つめていれば引き寄せられそうな錯覚を覚えたものです」

日勝峠から十勝平野をのぞむ

幽玄の郷をさまよっていた目線がやっと現実に戻ると、声音が変わる。

「きっとこの平原には、近いうちに内陸道が縦横に走り、五穀豊穣の田畑が開けるはずだと確信しました」

ところで、この十勝平野に鍬が入るのは、これより八十三年後の明治十六年（一八八三）である。静岡県賀茂郡松崎村の依田勉三ら三十人の入植に始まるが、開拓は困難を極めている(＊29)。

周太夫の指は、日勝峠の辺りを越えた。

「それにしても沙流川への山越えは大変でした」

密集した蔓《つる》や草木を鉈《なた》で切り払ってくぐり抜ける様子を身振り手振りで演じる。

「蝦夷人の通る道とはいえ、蔓《つる》の絡む藪や身の丈以上の熊笹が獣道《けものみち》を隠し、土地の者すら道を失うほどでした。夏ならもっと凄まじく、笹の裏に群生する真っ赤なダニや蛭《ひる》が体中に喰らいつき、蚊やブヨは音を立ててまとわりつき、糠蚊《ぬかが》に至っては黒雲の如くに襲いかかり、目や鼻、耳に喰らいつくので、絶命する者もいると聞きます」

目をつぶり、手を振り回してブヨを払う演技をしながら、一気に語る。

梅でさえ顔を伏せる。

次に沙流川をなぞり始めた。

「沙流川と十勝川を通れば海岸通りよりも十里も近くなります。石狩川を使わずとも、この川筋を開削すればいずれ往還できる良い街道ができます」

両川筋は内陸道として十分活用できると訴えている。

説明を聞き終えた高橋治大夫は、満足げにうなずいた。

「石狩川筋の件、無念であるが承知した。今後、他の川筋を探査し、改めて報告せよ」

祐助も報告にうなった。

「未知の地へ分け入り、これだけ詳細な報告ができるとは…。原様は良い若者を選んだものです」

梅は、周太夫が自分の役目に誇りを持っていると感じていた。

原新介は、次の検分を周太夫に命じた。

「ご苦労だった。雪も間もなく積もるゆえ、サツホロ川の検分に急ぎ出立せよ」

三日後の十月二十八日の朝。

詰所の前には周太夫を見送る人だかりができていた。

周太夫は橘太郎を抱きかかえている。

「寒くはないか？」

「そうか、それは良かった」

「朝飯はたらふく食ったか？」

「そうか、それは良かった」

「旅の話は好きか？」

「そうか。帰ったら話してやろう」

周太夫は、問わず語りを楽しむと橘太郎を梅に渡した。

「雪も積もりますゆえ、難儀もありましょうが、くれぐれもお気を付けて」

梅は、頂に雪模様の見える樽前山を目にしながら、周太夫の道中を案じた。

「原様からご下命頂きました道造りの調査は、大変名誉なこと。それにお応えするには、確かなる積書《つもりしょ》（計画書）を作ることです。〝思兼神《おもいかねのかみ》〟には及びませんが、武を使わずに岩戸を開けた知恵の一かけらでも真似て、気張らず、楽しく役目を果たすつもりです」

周太夫の目は輝いている。

梅は、周太夫を見送りながら、知恵者の思兼神《おもいかねのかみ》が登場する〈天《あま》の岩戸〉を思いだした。

昼の世界を照らす天照大神《あまてらすおおみかみ》は、弟素戔嗚尊《すさのおのみこと》の傍若無人のふるまいに怒り、高天原《たかまのはら》の岩屋に隠れてしまいました。昼の光を失った神々は大神《おおみかみ》を岩屋から出そうと相談しました。

すると、思兼神《おもいかねのかみ》が「岩戸の前で笑って楽しくすれば大神《おおみかみ》が出てくれる」と言いました。皆がそれに賛同し、鶏を集める者、鏡や勾玉《まがたま》を作る者、大神《おおみかみ》を引き出す者、踊る者などに手分けして準備を進めました。

準備が整うと、岩戸の前で鶏をけたたましく鳴かせながら、踊り手の天鈿女命《あまのうずめのみこと》が面白おかしく踊りました。皆はそれらの仕草に高天原《たかまのはら》がゆれるほどに笑い転げました。

すると、外が気になった天照大神《あまてらすおおみかみ》は岩戸を少し開けました。すかさず太玉命《ふとたまのみこと》が鏡を向けると、大神《おおみかみ》から射す光が鏡にきれいに映りました。いよいよ不思議に思った大神《おおみかみ》が、岩戸から体を乗り出すと、岩に隠れていた力持ちの天手力男命《あまのたちからおのみこと》が大神《おおみかみ》を岩屋から引き出したのです。

高天原《たかまのはら》や下界に光が戻ってきました。そして素戔鳴尊《すさのおのみこと》は追放されました(*30)。

梅は、〈天の岩戸〉の断片をつらつらと思いめぐらせる。

　知恵者が策を練る…

　笑って楽しい策を練る…

　担い手たちは楽しみながら役目を果す…

　すると、天照大神《あまてらすおおみかみ》が岩戸から出てきた…

閃《ひらめ》くものがあった。「力によらないこの話は、今の蝦夷にも当てはまるのでは？」と。

梅は、交易場や集落で出会う人たちが、一様に暗く硬いのを思いながら、「〈天の岩戸〉のように事を進めれば、蝦夷の人たちも心を開いてくれるかも…」と思い至る。
梅はここに来た運命を受け入れ、自分の役目を考えようとしていた。

皆川周太夫は、第二次調査を終えると、年末までに「原新助殿を以って仰せつけられ候…」で始まる新道計画書を作成している。
詳細は解説三にゆずるとして、結論だけを要約する。
・サツホロ川・沙流川・十勝川の全区間の新道案………四千四百両
・内陸新道と海上ルートの輸送費比較　……内陸道は高いが難船を考慮すると有利
・沙流川から十勝川河口の新道に限定する案　………千四十三両
そして、「新道は、費用はかかるが確実に輸送できる」と結ぶ計画書を完成している。

解説三〈蓋を開ける者〉参照
㈠　幻の新道　……192

（3）イサリ・ムイサリ川騒動（*31）

いつの頃からか、太平洋沿いを東蝦夷地、日本海・オホーツク海沿いを西蝦夷地と呼んでいた。蝦夷の行政都市というべき松前が東西に広がる津軽海峡に面しているため、松前の湊を出て太平洋岸を目指す船は東へ、日本海岸を目指す船は西へ向かうことからそう呼ぶようになった。

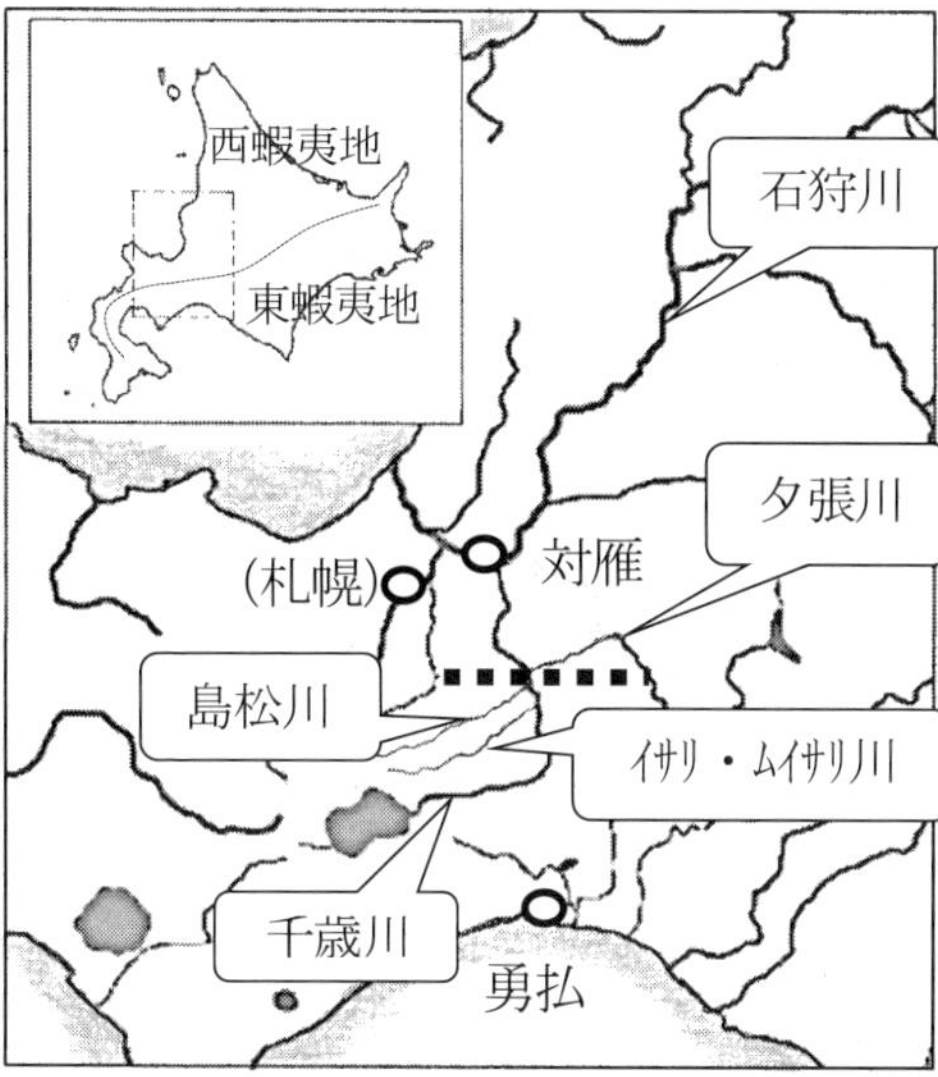

東西蝦夷地の境界線（点線部）

東西蝦夷地の区分はこの程度であるから、内陸に明確な境界が及ぶはずがない。

ところが寛政十一年（一七九九）、幕府統治の東蝦夷地と松前藩統治の西蝦夷地の区分を内陸まで決める必要が出てきた。産物の交易先を明確にするためである。

このため、広大な石狩平野は東西の蝦夷地に分断されることになる。

支笏湖を水源とする千歳《ちとせ》川は、順にイサリ・ムイサリ川（漁《いさり》川）、島松川、夕張川の支流を呑み込みながら北へ流れ、江別太《えべつふと》（江別市）で石狩川に合流している。

寛政十二年、勇払会所の役人は島松川と夕張川の間を国境《くにざかい》と定め、そこから北を西蝦夷地、南を東蝦夷地とした。

そして、「私領地（西蝦夷地）の者は公領地（東蝦夷地）に入り、狩猟漁猟すべからず」とお触れを出したのである。

ところが、このお触れに西蝦夷地に住む者が異議を申し立てた。

石狩川沿いの対雁《ついしかり》（江別市）に住む乙名《おとな》（首長）のシレマウカである。

秋が深まる頃、梅は詰所で番人たちが語るシレマウカの話を耳にした。

「シレマウカは支笏《しこつ》番所に〝イサリ・ムイサリ川のウラエ（鮭の産卵場所）は俺のものだ。公領地になっても今まで通りに漁を続けさせてくれ〟と訴えてきたそうだ」

支笏《しこつ》番所は千歳川沿いにあり、勇払会所の出先機関として内陸の交易などを担っている。そこへシレマウカが血相変えて飛び込んで来たという。

江戸ではお上の命令に、たった一人で異議を唱える者など聞いたことはない。

梅は祐助に尋ねた。

「一人で談判した人がいるのですね」

祐助は高橋治大夫からシレマウカの話を聞いていた。

「この地の者はお触れを平伏して受けると思っていただけに、高橋様は驚いている」

「どのような方なのですか」

「刀を抜いても屈せぬほどの人物だと聞く。高橋様は〃力で抑えれば松前時代と変わらぬ〃と申され、今、シレマウカの言い分を確かめている」

松前藩の時代、和人とアイヌは隷属的関係にあった。アイヌが異議を唱えれば、男であれ、女であれ、棒で殴られ、時には死ぬ者もいたという。

シレマウカはそれを覚悟の上で、一族や村のために直訴したというのである。和人の反撃を恐れて、同調する首長はいない。

高橋治大夫は、シレマウカとの交渉に武力を排除している。和人から離れた心を取り戻すという、幕府の方針に基づいたものである。いわば、神話の〈天《あま》の岩戸〉のように、武力を使わず天《あま》照大神《てらすおおみかみ》を引き出す筋書きにも似ている。

秋が始まる頃、石狩川の河口には鮭が群れをなす。支流の浅瀬に産み落とされた赤い卵が稚魚となって海へ下り、数年を経て産卵のため母なる支流へ遡上する。鮭という魚種の本能は、石狩平野に暮らす人々の生活を約束してくれる。

イサリ・ムイサリ川は鮭の宝庫である。

春になれば、石狩川の者は千歳川の者に小屋や舟を貸し、秋になれば、千歳川の者が石狩川の者をイサリ・ムイサリ川に呼んで、一緒に漁をしていた。

石狩平野に住む者は、昔から川の恵みを分かち合っていたのである。

しかし、勇払の役人はこの慣習を知らなかったが、知ったとしても一考したかは危うい。

容易に首を縦に振らないシレマウカに、詰所でもいらだつ者が出てきた。

「いつまでシレマウカの言い分を聞くつもりだ！　これでは示しがつかぬ」

そんな空気の中で、訳知り顔に不安をあおる男がいた。

「奴らは甘い顔をすりゃつけ上がり、隙を見せりゃ襲いかかる性悪どもだ。そのうち、徒党を組んで襲ってくるかもしれん。気をつけなされよ」

支配人の徳右衛門である。彼は国後島《くなしり》や根室の運上屋にいた時、アイヌに襲われた。襲撃の凄まじさを物語る顔の傷痕と同じく、敵意も消えていない。

梅は徳右衛門の傷痕を見ていると、シレマウカたちは残忍な人に思えてきた。


梅は十歳にも満たぬ頃、襲撃の噂に身を震わせたことがある。

家の前で遊んでいると「米屋に近づくな！　米屋から逃げろ！」の甲高い声が駆け巡った。

江戸では斧や鎌、掛矢《かけや》を振りかざした者たちが、米屋を次々と襲っていた。その暴徒が八王子へ来るという。

天明七年、江戸で起こった〝天明の打壊し事件〟（＊32）である。

商人が米を買占め、売惜しみをするので、米を口にできなくなった者たちが、南は品川、北は千住のおよそ四里四方の米屋九百余を襲い、家や家財を次々と打ち壊していた。

総勢五千人とも言われるが、多くは九尺二間《くしゃくにけん》の住民である。首謀者はおらず、盗みを働かず、時には休憩を取りながら整然と行ったという。

八王子にも来るという噂に、日々、人の騒ぎや、戸を叩く音、風の音に小さな身をガタガタ震わせた。幸い八王子まで来ることはなかったが、その時の恐怖は今でも鮮明に覚えている。

シレマウカは理路整然と言い分を述べている。

三代前、西海岸の石狩の者が大勢でムイサリに押し掛け、無体をするという事件が起きました。手に負えなくなったムイサリの乙名《おとな》達は私の祖代へ助けを求めて来ました。この時、祖代は襲ってきた者を説き伏せ、ムイサリの急難を救ったのです。

ムイサリの乙名《おとな》一同は喜び、お礼に「我らの川で魚を取る権利を末代まで差し上げる」と三か所のウラエ（鮭の産卵場）を約束してくれました。

我ら一族はそれ以来、イサリ・ムイサリ川の三か所に小屋を建て、鮭の産卵時期になるとそこで鮭を取り、干し鮭を石狩場所へ運んで生計をたてておりました。

しかし、このたびのお触れで、イサリ・ムイサリ川で鮭を取る権利が奪われると、家族や一族郎党の糧が大きく減り、生活は立ち行かなくなります。

何とぞ、今まで通りにイサリ・ムイサリ川で漁をする権利を頂きたい。

シレマウカはその川で、食糧以外に干鮭二千束（一束二十尾）を石狩川河口の運上屋に運び交易していたので、権利を失えば一族郎党の生活は大きく崩れ、死活に関わるという。

高橋治大夫は、シレマウカの言い分を確認するためイサリ・ムイサリ川の乙名《おとな》に聞いていた。すると、申し立てに相違ないことが分かったのである。シレマウカの言い分は正しかった。

詰所から帰宅した祐助の声が玄関に響いた。

「梅、落着したぞ。シレマウカの一件！」

梅はその軽やかな響きから騒動にならなかったと胸をなでおろした。

「高橋様の見事なお裁きであった」

幕府の力や理屈からすれば、三か所のウラエ全部を没収しても不思議はない。なのに、二か所をシレマウカの取り分とし、一か所を没収して勇払側取り分と沙汰したのである。高橋治大夫はシレマウカの申し立てに耳を傾け、一族の飯糧と交易を補償するために、言い分を認めたのである。

シレマウカは訴願状を添えて必死に訴え続けた。その甲斐あって没収されたのは三分の一だけで済んだ。松前藩の時代であれば考えられない沙汰でもあり、幕府の権威を考えれば、極めて異例の措置といえる。

「争いにならなくって良かった」

「高橋様は〝シレマウカは理が立ち、信念のある男だ〟とおっしゃっていたよ」

梅は、〈天の岩戸〉を思い出しながら、幕府の力を押し付けずに解決した治大夫を思兼神《おもいかねのかみ》に重ねて褒めたたえた。

一方、身命を賭して一族を守ったシレマウカの気魄には畏怖をおぼえたが、それはむしろ畏敬の念に近かった。

この一件で、徳右衛門が語る〝性悪ども〟というアイヌの印象は少しずつ薄れていく。

ところでこの小さな川の漁猟権は、この後ロシアとの外交問題に翻弄されていく。

梅は知る由もないが、祐助はその渦中に身を置くことになる。

解説三〈蓋を開ける者〉参照
㈡　アイヌ首長の信念　……196

（4）乳銀杏《いちょう》

「仕舞い船が来たぞ！」

大きな声が響き渡った。

その声は高らかではあるが、物悲しくも聞こえる。

今年最後の荷を運ぶ仕舞い船が、勇払の沖に現れた。この船が荷積みを終えて出帆すると、ここは氷が融ける来年の春まで陸の孤島となる。

沖に停泊した大船から荷物が次々と小舟に降ろされた。米や味噌、酒や根菜など、越冬する者の食糧である。

小舟が荷を満載にして河口の船着き場に着くと、浜で待つ者たちが倉に運び込み、戻る時には、鮭、鱈《たら》、海鼠《なまこ》の乾物や獣皮を肩に背負って小舟へ積む。大船と小舟の往来が繰り返されていた。

荷積みが終わると、高橋治大夫や幕府雇の医者、商人らが大船へ乗り移った。治大夫は樺太巡検に備えて箱館へ向かう。その間の会所責任者を祐助に託した。

浜では祐助や梅、原新介らの千人同心隊、支配人や番人たちが手を振っている。勇払に越冬する者たちである。

仕舞い船が沖に消えて、人通りの減った詰所周辺は閑散となる。梅の目はつい祐助の後姿を追う。取り残されたような気持ちが助けを求めている。

それでも翌日から忙しくなった。春まで使わなくなった小舟や漁具を倉庫に片付け、住人や乾物など主のいなくなった小屋や倉庫を戸締りし、食糧の仕分けや保管など越冬支度に追われた。みんな黙々と働いている。

近隣の会所とは陸路でつながっていても、吹雪いて凍てつけば通行も阻まれる。仕舞い船が出たばかりだというのに、春に来る一番船の話がもう口にのぼる。

勇払会所での越冬は、幕府直領となった昨年の冬以来、二度目になる。

去年の越冬は、会所を守る下役人や番人など十人足らずであったが、今年は梅や千人同心隊が加わり、総勢六十人を超える。

今年も越冬する番人たちは、口をそろえて喜んだ。

「梅さんたちがいるから、今年の正月は華やかになりそうだ」

「千人同心隊もいるので、おかげで賑やかに迎えられる」

正月はまだ先なのに、そんな話が出る。寂しさを紛らわすためであろう。

千人同心隊の役目は、「警衛を主とし兼ねて耕作を営む」である。寒さが厳しくなると、警衛にかかわる仕事は激減する。家造りや道造り、幕府役人の往来が減るからである。

隊士たちにとっては、農地開拓に手を回す好機になるはずだが、いかんせん、勇払原野は火山灰と泥炭地のため、適地はない。それゆえ、新しい耕作地を探すために、手分けして遠地へ出かけて鍬を振るっていた。

蝦夷の冬足は早い。日ごとに身をすぼめる。

八王子では表土が凍ることはあっても、鍬の通らぬことはめったにない。晴れて穏やかな日は外で働けるが、寒い日は寒立馬《かんだちめ》のようにたたずむ。北風が吹き、表土が凍てつき、鍬が土に弾かれると、外に出るのもめっきり減る。

「今日も刃先が跳ね返された。もう今年の仕事も終わりだ…」

「まだ年も越えぬのに、何という寒さだ…尋常じゃない…」

土地を耕す時間は貴重だが、それでも寒さが厳しくなれば、人の動きは止まり、終日、家にこもりがちになる。

彼らの住まいは仮小屋のままである。入植時、五十人を収容できる建物はなかった。このため、雨露《あまつゆ》をしのぎ、寝起きできる仮小屋造りから始まった。四本の柱を立てて屋根や壁を茅《かや》で覆い、土間に板を並べ、筵《むしろ》を敷いて寝床とし、石をコの字に並べた竈《かまど》で煮炊きする。江戸の長屋の九尺二間は高嶺の花に思える。

入植して半年、道造りや家造りに追われ、小屋の補強はままならない。秋まで乗り切れても、冬に耐える造りではない。もっとも、蝦夷の冬を乗り越える家造りなど知るはずもない。

吹雪けば、寝床や土間に幾条もの雪溜りができる。寝ている顔にも容赦しない。

隊士たちは、骨身にこたえる寒さと雑魚寝《ざこね》のような狭い空間の中で、身の自由を奪われていく。いつしか〝飲む・喰う・寝る〟の単調な生活に偏っていった。

十一月の中頃、小屋頭《こやがしら》の井上忠左衛門に変調が表れた。

彼は責任感の強い男で、外作業に真っ先に出向いて鍬《くわ》をふるっていた。

しかし、この寒さ続きの中、家に閉じこもり、終日酒浸りになる。

「体がだるい…足が痛む…」

彼は倦怠感と苦痛を訴え、横になる日が多くなった。

「とうとう怠け心がついたか」

「どうせ郷が恋しくなったんだろうよ」

周囲の者はそんな陰口をたたいていたが、そのうち顔や手足が布袋様《ほていさま》のようにパンパンに腫れるのを見て、ただ事ではないと思うようになってきた。


梅は忠左衛門を気遣い、毎日顔を出しては薬を与えていた。

会所にいた二人の医師は、先の仕舞い船で江戸へ帰ってしまったが、薬は残してある。梅は臓腑《ぞうふ》に効くという薬を含ませるが、一向に効かない。

顔は西瓜《すいか》のように、腹は太鼓のように、腕や足は丸太のように膨らんだ。

浮腫《むくみ》病である。

当時、その原因はわからず、正しい処方など施しようもない。

「ご機嫌はいかがですか？」

今日も梅は橘太郎を連れて見舞いにきた。

「働かぬせいか、痛さもけだるさも一向に治まりません。この徳利《とっくり》さえ痛みを誘います」

忠左衛門は自虐的に、酒の入った徳利《とっくり》を振りながらポチャポチャと音をたてる。

「お粥《かゆ》を作りましたよ。召し上がれ」

梅は作ってきた粥《かゆ》を鍋からお椀に注いだ。冬には貴重な野菜も入っている。

「ありがとうございます」

忠左衛門は痛さに顔をしかめながら、半身を起こす。梅は、忠左衛門の背に手を添えながら、お椀を口元へ持っていく。

忠左衛門は粥《かゆ》を一口含むと、味わうように呑み込んだ。

「おう…うまい！」

上下の瞼は腫れと目ヤニで閉じてはいるが、辛うじて開けた隙間に、涙がにじむ。粥《かゆ》をもう一口含むと、薄目のまま顔を上げる。何かを思い起こそうとしてる。

「何という樹だったか…乳を出すという…」

「乳を出す樹って？　……乳銀杏《ちちいちょう》のことですか？」

「ちち？…いちょう…？…そうだ、そうだ…その話が聞きたい…」

梅は母から聞いていた話を、子供に聞かせるようにゆっくりと語る。

そばにいた隊士たちも寄って来る。

何年も不作が続いた村には、竈《かまど》の煙すら見えませんでした。

そんな苦しい村にも、若い夫婦にかわいい赤ん坊が生まれました。

村人は、わずかばかりでもと、食べ物や衣類を送り、心から祝福しました。

祝いの品々もすぐ底をつき、生活はまた苦しくなりましたが、
村人の恩に報いるためにと精一杯働いておりました。

ある日、若い夫婦の家に旅の坊様が「お恵みを」と
倒れ込んできました。

かたわらでは赤ん坊がひもじさに泣いておりました。

でも若夫婦は、赤ん坊の粥《かゆ》を差し出したのです。

粥をすすり元気になった坊様は、赤子の粥だったと
気付き涙を流しました。

すると若夫婦は、「赤ん坊には木の根、木の汁をやり
ますほどに」と言いました。

坊様は「すまぬこと。せめて庭の銀杏から乳が垂れるようにしましょう」

そう言って坊様は銀杏《いちょう》に法力《ほうりき》をかけて去って行きました。

坊様を見送った若夫婦が銀杏の木の汁をすすると、良い乳が出てきました。

乳の出ない村の女も、この木のおかげで赤ん坊がすくすくと育ちました（絵・文とも＊33）。

銀杏は巨木になると垂乳根《たらちね》のようなコブを作るので、乳の出ない母親がその銀杏にお参りすると、乳がよく出るという言い伝えがある。梅が語る話は武州多摩郡山の根平村（八王子市平町）に伝わる民話である。

忠左衛門は頷《うなず》きながら耳を傾け、聞き終わると椀を差し出した。

「先のない私が…貴重な粥を頂くのは…罰あたりなこと…法力などないので…せめて冷めぬうちに…育ちざかりの子に…差し上げて下さい…」

椀からのぼる湯気の中、辛うじて開いた薄目に、笑みが浮かんでいる。

一瞬、布袋様《ほていさま》に見えた。

井上忠左衛門が亡くなったのは寛政十二年十二月九日、西暦では一八〇一年一月二十三日、厳冬の頃である。八王子を出てから十ヶ月、蝦夷で亡くなった最初の千人同心隊士となる。

原始の大地と半端ではない寒さは、蝦夷に生きる知恵を持たない者を嘲笑う。

厄介者たちの「蝦夷で畑を開き、家を持てばきっと嫁だって迎えられる」という期待と、千人頭の「蝦夷隊が一角《ひとかど》の働きをすれば、元席復帰できる」という期待に暗雲が立ちこめる。

（5）帰る者の群れ

勇払はつい先年まで、松前藩の家臣から交易を請け負う商人支配の地であった。このため、交易が終わると無人となり、正月行事は無縁であった。

寛政十一年、勇払が幕府直轄地となり役人らが越冬するようになると、正月行事は酒の口実程度に行われた。

しかし、今年の正月は賑やかになる。

会所勤めの役人や番人の他に、祐助家族と千人同心隊の五十人を合わせると、六十人を超える。しかも、女がいるので艶《あで》やかになり、子供がいるので賑やかになる。

正月行事は、多数を占める八王子のしきたりで行われた(＊34)。

暮れには笹の束で家の煤払いをし、急ごしらえの臼《うす》と杵《きね》で餅をつき、詰所や宿舎、仮小屋の玄関に大きな松飾りを据えた。粗末な玄関には不似合いだが、「せめて松飾りは立派な物を」というみんなの総意で飾られた。

年が明けて、元旦の朝を迎えた。

勇払原野の東から昇る陽の光が、靄《もや》の立ち上る勇払川を照らしている。

そこに祐助がいる。正月三箇日《さんがにち》は、男衆が炊事をする習わしである。男衆は元旦の陽が昇る頃、生気がみなぎり厄払いに効くとされる若水を汲む。

身を正した祐助は、川上に向かって拝礼し、柏手《かしわで》を打つ。梅と橘太郎から邪気を払い、この一年、皆が健勝であるようにと祈る。家族を守る男衆の役目である。

厄払いがすむと、身をかがめて薄氷を割り、川に入って桶を傾けた。水が満ちると、声高に水の尊さを唱えて一気に汲み上げた。それが若水となる。

若水はけがれなく透き通り、生気に満ちている。

家に戻ると、その若水で湯を沸かし、一番湯でお茶をたてて神棚にそなえる。次いで雑煮を作って神棚へ供える。

祝いの膳が整った。三人は膳を前に席につく。祐助は梅の椀にお屠蘇《とそ》を注ぎ、橘太郎の椀にも真似ごとのように傾ける。今度は梅が祐助の椀にお屠蘇を注ぐ。

「梅、明けましておめでとう。橘太郎、明けましておめでとう」

「祐助様、明けましておめでとうございます。橘太郎、おめでとうございます」

「…お…め……っと…」

橘太郎の声はたどたどしいが、かえって座がなごむ。

三人は互いに椀を上げ、新年を祝う。橘太郎は新年を迎えて数え三歳になる、言葉はつたないが大人びてきた。

「親子三人、正月を息災に迎えられ喜ばしい。思えばこの一年、千思万考の末に勇払へ来たが、梅は天変地異の暮らしによく耐え、家族を守ってくれた。礼を言う。本来なら、小正月には故郷へ里帰りさせたいが、遠いゆえすまぬ。この一年、呉々《くれぐれ》も御身を大切にして橘太郎を頼む」

「祐助様には〝お鍋をかついで〟の心積りで嫁いで参りましたので、苦労などありません。身も心も根を下ろした所ならどこであれ故郷です。ご懸念などご無用に下さい。今年も橘太郎をしっかり守りますので、祐助様は蝦夷の力になるよう存分にお励み下さい」

元旦の日、祐助家族と千人同心隊、支配人や番人など勇払に越冬している者全員が弁天社に集まり、お屠蘇を飲み交わし、新年を祝った。

祝いの場は橘太郎が主役である。隊士たちの肩車のたびに甲高い声があがる。

梅の艶《つや》やかな声と晴れ着の小袖も正月気分を盛り上げていた。


正月三箇日《さんが》が過ぎると雪が舞った。

宙を舞う雪は、山や川など色や形ある物を隠し、浜辺の潮騒さえ消してしまった。それは厳《おごそ》かな冬の儀式だが、先住する者でさえ一時は五感を失い、畏怖《いふ》を覚えて立ちすくむ。

正月十一日、小屋頭《こやがしら》の鈴木八曽八が、そんな儀式に身をゆだね、息を引き取った。

無念の悲しみは、栗林長吉ら二人にもおよぶ。

二月に入ると田宮紋右衛門ら四人、三月には村野宇助と続いた。

ほとんどは井上忠左衛門と同じように、布袋《ほてい》様のようにブクブクに膨らみ、痛みのうめき声が途切れて事切れる。

弁天社の裏手に盛り土が九つ並んだ。

次々に亡くなる仲間を前に、みな不吉な予感にさいなまれる。

「これは流行《はやり》病だ！　風土病に違いない！　次はわが身かも…」

「ここで死んでは弔ってくれる寺もない。冥途にだって行けやせぬ…」

「こんな所で命を落とすなら、郷に帰って笑われる方がまだましだ！」

道造りや旅宿造りなどに追われ、土を耕す時すら取れない。寸暇を惜しんで耕し、種を植えても、応えてくれない大地への不満も重なる。目の前の大地が畑になる望みがあるのなら、たとえ雪が降り凍土になっても、春を迎える楽しみがある。今はそれもない。

三月、事態を憂慮した原新介は、開拓の場所替えと暮らし向きの改善を求める嘆願書を箱館御用掛に提出し、一同を集めた。

「蝦夷の開拓に志を立て、八王子を出発してから一年になる。されどこの大地は、鍬はおろか我らまで拒んでいる。亡くなった者たちの〝郷へ手柄話や自慢話ができなかったのが悔しい〟という気持ちは、察するに余りある」

新介はここに至った責任を負いつつ、皆の気持ちに添いたいと語る。

「このまま気が萎《な》えれば、ひと夏を終えた草花のように枯れてしまう。されど豊穣の地を得れば、我らの志は必ず大地に根を張り、暮らし向きを良くできる。さすれば、越後から嫁をもらい、晴れて蝦夷の千人同心として分家できる。一年前の多摩川の壮行の儀を思い起こし、もう一度皆と一緒に鍬を振るいたい」

新介は、永住を願う者には越後から妻をめとれるよう取り計らうと言う。

「されど、帰る者は決して止めぬ。例え手柄なしで帰ろうとも、我らの故郷は必ず寛大に迎えてくれる」

この言葉に、「帰れる」と安堵した者、「帰ったら馬鹿にされる」と疑念する者、そして「志を曲げぬ」と己を鼓舞する者など、隊士たちの気持ちは割れた。

沈黙が続く中、「帰ろかな…」のつぶやきが座を揺るがした。

「帰りたい奴は帰れ！」

「腰抜けめが！」

場は騒然となる。

「お〜帰るとも！」

売り言葉に買い言葉の応酬が続く中、ため息交じりの声が流れる。

「梅さんは帰らんだろうな…」

場は一気に鎮まった。

「梅さんが残って、わしらが帰るわけにはいくまいよ」

雰囲気は陰から陽へと変わった。

もう一つ、陽になる引き金があった。開拓第二陣の到着である。

募集した百人に対し、三十人しか集まらなかったが、困難を承知の上で志願した者たちの意気は高く、第一陣の背を押した。

多くは残留に傾いた。

しかし、病を患う横井八五郎や井上長次郎、坂本源八郎、飯田一作の四人は帰国を強く望んでいた。病なら引き留める道理もないが、帰るには長旅に耐えねばならぬ。

原新介は、病の重い三人には「もっと回復してから…」と説得し、横井八五郎だけを帰すことにした。彼を護送していく者を皆に諮《はか》った。

「我こそはと名乗る者はいないか？」

護送する者は強健なのは勿論だが、八五郎を届けた後、勇払に戻って来る者でなければならぬ。放たれた矢のように、行ったきりでは残る者の士気に関わる。互いに顔を見合う疑心暗鬼の中、一人が手を上げた。

「儂が参ります」

市川彦太夫である。誰もがうなずいた。

四月の中頃、市川彦太夫は横井八五郎を連れて、八王子への途についた。

彦太夫の荷は、亡くなった者の髷《まげ》や残る者が書いた手紙で膨らんでいる。

一方、原半左衛門率いる白糠隊では、この冬、死者はいなかったが、病気を患う者はいた。彼らの中には、郷へ帰った横井八五郎のことを耳にすると、望郷の念を抱く者もいた。

六月中旬、白糠場所から病気の四人が帰国する。彼らを原川長兵衛が護送した。続いて八月、白糠場所から三人が帰国した。今度は護送する者はいない。帰る者を落伍者とみなす故郷の目を恐れ、当初は帰ると言い出す者はいなかった。しかし、死者が増え、帰る者が出てくると次第に心の抵抗が薄れていく。

移住して二年目の享和元年までに、第一陣の百人のうち帰国者八人、死者十二人と二十人が落伍した。

解説三〈蓋を開ける者〉参照
㈢　隊士たちの妻帯伺い　……200

（6）松平信濃守忠明の巡検

享和元年（一八〇一）四月末。

勇払会所の詰所前に六十人ほどが身を伏している。

高橋治大夫と祐助、支配人と番人、原新介と千人同心隊、末席には橘太郎を抱える梅もいる。

「皆の者、大義である」

労をねぎらう甲高い声が響く。

蝦夷地取締御用掛《とりしまりごようがかり》筆頭の書院番頭《しょいんばんがしら》松平信濃守忠明《ただあきら》である。松平忠明の禄高は五千石だが、一、二万石の大名さえ道をあける幕府官僚のトップである。本来なら、千人同心隊や梅など平民に声をかけるはずのない大身である。

松平忠明は、豊後国《ぶんごのくに》岡城主（大分県竹田市）の三男として生まれている。十九歳で旗本の松平家へ養子として入ると、とんとん拍子に出世し、三十四歳で書院番頭となり、蝦夷開国組織の筆頭となる。

本来、国防の役につくのは、国の運営を司《つかさど》る老中直属の勘定奉行や大目付だが、若年寄直属の書院番頭が選任されるのは異例である。大抜擢の人事だったのである(＊35)。

この日のお目通りは、蝦夷地御用掛箱館詰 高橋三平の計らいにより実現した。

手付同心ども、一層精を出し候えども開発の儀は去る申年（寛政十二年）、初年の年にて当地へ来て家造り、道造りなどに人手がかかり、開発は一向に進んでいないと、一同恐れ入り候。

当春は開発が重々出精仕りあるところ、流り病で病人多く、その上死亡する者多いゆえ、一統、この節、気後れになり候。此度江戸より信濃守様、左近将監様（石川忠房）ご巡察につき、お目通りお許し賜れば一統気が引き立つと存じ上げる(＊36)。


道路開削のかたわら、開拓に精を出しているが、一向にはかどらず、その上、病人や死亡者が多く気後れしている千人同心隊を見かねて、蝦夷へ来る松平忠明らに要望していたのである。

忠明は二年前、東蝦夷地を巡検しており、今回は日本海岸の西蝦夷地を巡検する途にある。

梅はかって甲州街道を参勤交代で往来する大名行列に出会ったことがある。「狼藉者は即刻打ち首」と聞いていたので、行列が通り過ぎる長い間、凍り付いたように動けなかった。

梅はお殿様にお目通りできる緊張に加え、橘太郎の粗相も心配して激しい動悸を覚えている。

「この地は…二度目である」

間を置いて、甲高い声が響く。

「二年前に来た時、ここは無法の地であった」

梅は、忠明の鋭い視線が皆の頭上を飛んでいるのを感じている。

「松前家の時代、姦《かん》商に酷使された蝦夷の民はオロシアになびき、邪宗門に染まる者もいた」

松前藩の統治不行き届きのため、蝦夷の民は悪徳商人に脅かされてきたと語る。

「蝦夷の開国は、始まっている」

開国のために警備の強化や蝦夷人の教導、道路の開削や農地の開拓などが必要だと諭している。

難解な言葉も随所に出るが、梅は、開国の意義を理解しようと、忠明の話に懸命に耳を傾けた。

しかし、話の最中に橘太郎がむずかりだした。身をよじり、背を曲げ、唸り声をあげる。幼子には忠明の話など興を引くはずがない。梅は肝を冷やしながら、橘太郎をなだめすかした。耳を傾けるどころではない。

忠明は、一瞬声を止める。梅は鋭い視線を感じ、橘太郎を胸元に強く引きよせる。

忠明は間をおいて続ける。

「さて、八王子の千人同心隊は…家造り道造りに追われて開墾が進まず、亡くなる者も多かったと聞く。ここは辺境で極寒の地ゆえ苦労のほどは察するが…されど！…」

途切れ途切れの言葉が、かえって威圧感を増す。末尾の言葉が止まると、皆の肩が揺れる。

「凍てつく冬を口実に…家にこもり酒食におぼれては開国の任は全うできぬ。冬の間とて物造りに励めば体も動き…その姿は蝦夷人への鏡になる。己に甘えては国のためにならぬ！」

強い語尾に、更に身を低くする。

「皆は蝦夷開国の尖兵である。開国の大義を汲み、しかと努めよ！」

厳しい口調の中にも、期待が込められている。

「それにしても蝦夷の地は、二年前と較べ目を見張るほど変わった。道が開いて会所がつながり、交易は真っ当になってきた。皆々の働きのお蔭である。これからも励めよ」

口調が柔らかくなった。順調に進む国造りに満足している様子である。

忠明は、話を終えると一口茶をすする。それから、梅を見据える。

「梅とやら」

梅は橘太郎を慌てて引き寄せる。背筋が凍る。

「気遣いせずともよい。儂の話はその子にはまだ通じまい。されど大きくなったら、今日の話を伝えるがよい。いずれ分かる時が来る」

身をくねらせ、むずかる橘太郎は目障りであったろうが、叱りもせず見過ごしてくれたことに、感謝の言葉を探す。礼を言う顔には冷や汗が流れている。

「…ありがとう…ございます…」

くぐもる口から普段着の言葉がでる。殿様に返す言葉や、身の処し方など知るはずもない。

「女手一つ、故郷から遠く離れて何かと苦労があろう。されど心を置ける地なら何処であれ、心の拠り所になる。その子どもも蝦夷の力になるのを楽しみにしている。身を守れよ」

殿様ほどの大身が、梅のような平民に声をかけるだけでも過分なのに、女一人が未開の地に暮らす苦労を気遣ってくれたのである。嬉しいと言うより、肝が飛び出すほどに驚いた。

亡くなる者、帰国する者を送るたびに、梅の心は天秤のように揺れ動いていた。

しかし忠明の言葉は「私の故郷はここです…開《ひら》けいく蝦夷を見守ります」という覚悟を決めるに充分であった。梅は忠明を拝むように手を合わせ、身を伏しながら深々と頭を下げた。

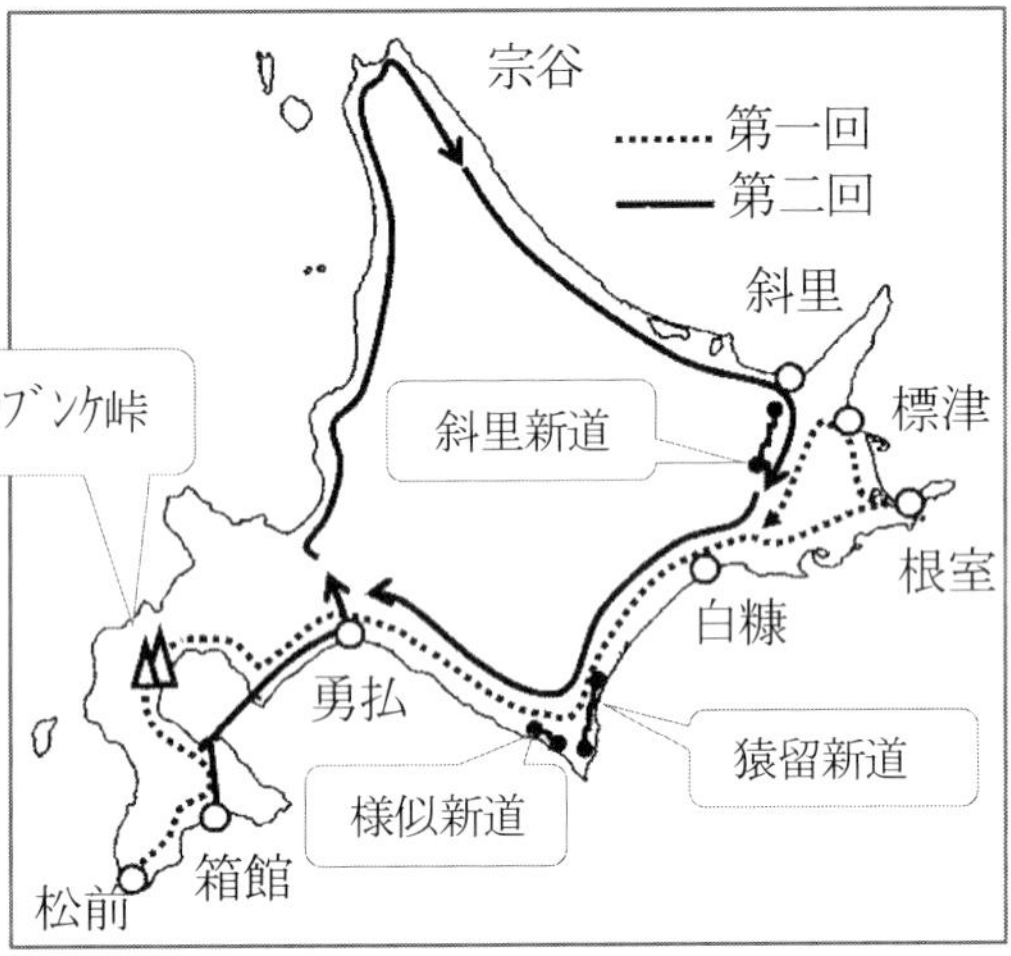

松平忠明の蝦夷巡行ルート

翌日、忠明ら一行は勇払川をのぼり、日本海岸を目指した。

宗谷からオホーツク海岸を通り、斜里から内陸に入って原半左衛門ら白糠千人同心隊が開削した斜里新道を通っている。

忠明に随行した磯谷則吉はその様子を記している。

> 六月十三日、ここより新開の山道を行く。樹木生茂《おいしげ》り蚊蛇あり。この道は今年五月、千人頭原某氏のいさおし（手柄）とかや(*37)。

忠明の賞賛があったと推測できる。忠明は、白糠でも原半左衛門ら千人同心隊を励ましたであろう。

解説三〈蓋を開ける者〉参照

㈣　エリート官僚の評判　……204

(7) 市川彦太夫の土産話

享和元年(一八〇一)六月九日。

市川彦太夫は横井八五郎を伴い、多摩川の渡し舟に乗った。

ギシギシときしむ櫓音が止まり、舟が岸に着いた。八王子は目の前である。彦太夫は八五郎の口から洩れる低い呻《うめ》き声を耳にしたが、聞き返さなかった。

この多摩川べりには見覚えがある。去年の三月、「桑都開闢《そうとかいびゃく》以来未曾有の旅」の宴が催された所である。今は、背丈ほどに伸びた若いススキが風に揺れている。あたかも百人の夢は戯言《たわごと》だったと揶揄《やゆ》するようでもあり、せせら笑うようでもある。

二人はそこを無言で通り過ぎた。

八五郎は、原新介から「帰って治療するがよい」と言われた時には小躍りしたが、旅の道中、手柄話や自慢話のできない無念さを愚痴り、親兄弟や村人の罵倒を恐れていた。「最初に逃げ出した厄介者」と罵《ののし》られるからである。村を前にすると、辺りを探るように目は落ち着かない。

道を進むと、遠くから小さい人影が走って来た。

「八五郎じゃないか!」

八五郎の母親である。

野良仕事の最中、目ざとく我が子を見つけたのは腹を痛めた女の本能であろう。

事態を察した母親は、頬被《ほほかぶ》りしていた手拭いを八五郎の顔に被せ、袖を引いて家にせかせる。その様子を見ていた村人は、畑仕事の手を止めてぞろぞろと後について来た。

母親は八五郎を家に引き入れると、思いっきり戸を閉めた。建付けの悪い引き戸がガシャンとこわれそうな音を立てた。世間の目を隠す音でもある。

市川彦太夫は母親の意を悟り、黙礼して家を離れた。すると、追ってきた村人は彦太夫を取り囲み、畳みかけるように問いつめる。

「どうした？」、「何があった？」、「逃げて来たのか？」、「お前もか？」

彦太夫が村人たちの間を縫うように通り抜けると、その背を「やっぱり厄介者だったか…」の声が追う。それでも、「大役を一つ終えた」と安堵した。

彦太夫は、実家に戻っても、くつろぐ暇などなかった。まだ九人の遺品と四十人の手紙を渡す役目が残っている。

着いた翌日、身を整えて、去年の暮れに亡くなった井上忠左衛門の実家へ向かった。

八王子から多摩川沿いに東へ三里余、甲州街道が鎌倉街道と交差する辺りに関戸《せきど》村（多摩市関戸）がある。初夏の緑が波打つ田畑の一角に、忠左衛門の実家があった。

「忠左衛門殿とともに、蝦夷へ渡った市川彦太夫と申す者にございます」

彦太夫は通された座敷で待っていると、野良着だった父親と母親は身綺麗に着替えて現れた。二人は、〝エゾ〟という言葉に息子の異変を悟っていた。

父親は頭を下げて彦太夫から油紙の包みを受け取る。開けると黒い髷《まげ》が現れた。

「何と根性のない姿で帰って来たものか…」

最初に亡くなったと聞けば、悲しみよりも怒りが先にたつ。

母親は髷を受け取ると無言で胸に押し当てる。すると髷は小刻みに揺れだした。命を授けた母の胸で、息を吹き返したかのようにも見える。

彦太夫が忠左衛門の仕事ぶりや病の様子を伝えると、二人は息子の面影を求めるように、彦太夫の目元口元を追う。気丈には見えるが、唇や肩は震えている。

話が一通り終わると、父親は彦太夫に言伝《ことづて》を頼む。

「原半左衛門様へ〃倅《せがれ》のこと、とんだ足手纏《まと》いになり恥じ入るばかりです〃とお伝え下さい」

父親の詫び言葉には、無念の情が漂う。

彦太夫は、玄関で見送る二人に別れをつげて関戸村を離れた。

亡くなった残り八人の親元を順次訪れた。遺品の髷を渡しながら、働きや病の様子を話すと、目を閉じたり、泣き崩れたり、怒り狂ったりなどと反応は様々だが、どの仕草とて子を悲しむ親の心に変わることはない。

勇払を発つ前には病に伏していた坂本源八郎ら三人の親元にも足を運んだ。

言伝《ことづて》とともに、「もう回復しているはず」と添えた。生きているという確証はなかったが…。

河西家や猪子家を訪ねて、梅の手紙も渡しながら、近況も伝える。

「気丈に振る舞い、祐助様を支え、橘太郎殿を守っております。我らもどれほど力を頂いたことか……」

姑も母も彦太夫の話に耳を傾けながら、梅の手紙に涙していた。苦労話は書いてなくとも、艱難《かんなん》のほどを察し、何もできない辛さが滲む。

七月十七日、彦太夫は役目を果たして再び蝦夷へ向かう。

彦太夫の父と母は、帰ってからの毎日、玄関で見送っていたが、今日は多摩川の渡しまで付き添った。二人の表情は野辺の送りにも似て沈痛である。蝦夷へ戻るという彦太夫の決意を何度も翻意させようとしたが、叶わなかった無念さゆえである。

母親は玄関を出てから舟の渡し場に着くまで、ずっと彦太夫の袖を握っていた。

渡し舟が岸辺を離れると、心に湧く〝今生の別れ〟の雑念を必死に払いながら、再会の期待を込めて手を振る。対岸に渡り、彦太夫の姿が藪に消えてもまだ振り続けていた。

八月二日、市川彦太夫が戻ってから半月して、今度は白糠組の原川長兵衛が、病を患う前嶋新兵衛ら四人を連れて八王子へ帰って来た。

長兵衛もまた、彦太夫と同じように己の役目を果たすと長居はしなかった。蝦夷は十月の声を聞くと津軽海峡の波が荒くなり、雪が舞う。箱館から白糠までの陸路は困難を伴うからである。

長兵衛もまた、ひと月足らずで蝦夷へ戻って行った。

蝦夷に秋の風が吹き始める頃、彦太夫は勇払へ帰って来た。

彦太夫を迎える千人同心隊は、彼の姿に涙して喜び、肩をたたき、顔をさするなどして手荒に歓迎した。戻って来たという実感を確かめようとしている。

「よく戻って来たなあ…」、「良かった！」、「さすが彦太夫！」

手荒な歓迎が終わると、今度は餌を待つ犬のように彦太夫の行李《こうり》に目を向ける。開けた行李《こうり》からこぼれ落ちる手紙に目が釘づけになる。彦太夫は一人一人に手紙を渡した。厚いのもあれば短冊程度のもある。すぐに開く者、小屋の隅に隠れてそっと開く者、声を出して読む者などなど…。

手紙が届かぬ者もいる。伏し目がちに、膝小僧を抱えたままじっとしてその場を離れない。

賑やかな時が過ぎる頃、手紙のない者が土産話を要求した。

「おもしろい話があったら聞かせてくれ」

彦太夫は、仕入れてきた八王子や江戸の土産話を話し始めた。

「わしらが蝦夷へ向かった年の事件だという」

彦太夫はそう前置きして〈偽栞《しおり》事件〉の話から始めた。


江戸は火事が多かったので、高尾山薬王院の御札は重宝されていた。

これに目を付けた高麗屋文次郎なる者、高尾山の栞《しおり》と称する物を勝手に作り、江戸市中で霊山の御札として売りさばいていた。ところが寛政十二年に露見し、道具一式を取り上げられ、詫び証文を取られたという(*38)。

「そいつはどうなった?」、「証文で済んだと?」、「とんでもない! 奴は磔《はりつけ》だ!」

偽物を作って売れば六割が死刑、三割が獄門の厳しい時代である。皆がわいわいと囃し立てる。

その後も江戸の土産話が続く。

隊士たちはその都度、人の表情や町の情景を思い浮かべ、愉快な話には声を立てて笑い、悲しい話には涙する。話は夕闇まで続いた。

誰もが一番聞きたい話が残っていた。

八五郎を迎えた故郷の反応である。

なのに、誰も問わず、彦太夫も語らなかった。

解説三〈蓋を開ける者〉参照
㈤　江戸の土産話（続編）………211

（8）鳴かぬ時鳥《ほととぎす》

享和元年（一八〇一）の夏。

勇払会所に支配勘定役富山《とみやま》元十郎と中間目付《ちゅうげんめつけ》深山宇平太が立ち寄った。

得撫島《うるっぷ》のオロシア人を退去させる交渉を終えて、戻って来たところである。

幕府は、オロシア使節のアダム・ラックスマンが通商を求めて松前へ来航した寛政五年（一七九三）に、得撫島《うるっぷ》は日本領だと伝えていた。

しかし得撫島には今なお、オロシア人が住み続けている。これを危惧した老中は、彼らをいかにして島から退去させるかを、四人の蝦夷地取締御用掛に尋ねた。

すると、信長・秀吉・家康に喩えて詠んだ〈鳴かぬ時鳥《ほととぎす》〉（*39）そっくりの意見に分かれた。

これは、二十年後の文政年間、備前《びぜん》国平戸藩主（長崎県）の松浦《まつら》静山が詠んだものだが、静山はこの得撫島の事件を天下人に重ねたのではないかと思うほど、よく似ている。

鳴かぬなら、殺してしまえ時鳥…織田信長

・石川忠房：我ら国法を知った上で来島し、居を構えるは我が国を侮るもの。帰国命令を拒んだなら悉《ことごと》くこれを討ち、領土蚕食《さんしょく》の念を断たすべし。

鳴かぬなら、鳴かせて見せよう時鳥…豊臣秀吉

・松平忠明：わが国法を先に松前で諭したのは承知のはず。故に問答の必要なし。退去を拒めば全員捉え、箱館に送り拘留すべし。

鳴かぬなら、鳴くまで待とう時鳥…徳川家康

・羽太正義と三橋成方：交易品を蓄え蝦夷と交易する商人ゆえ、領土を侵す深慮があるとは思えぬ。択捉島からの食糧を止めれば、物資に困り退去するはず。しかも十数人では国家の憂いにもならず、ここ一両年は様子を見るべし(＊4)。

結局老中は〃鳴くまで待とう〃を採用し、富山元十郎らを派遣したのである。

二月に江戸を発った二人は、六月、得撫島に〃天長地久《てんちょうちきゅう》大日本属島〃の標柱を立てた。「天地が続く限り日本の領土である」を意味する。

標柱（＊4）

梅は詰所に入って来た二人に、冷たい飲み水と足洗水を用意した。

「おう梅さん！　元気であったか？」

富山元十郎の声は勇ましい。この春に立ち寄っていたが、今日の声には自信が溢れている。

「おう橘太郎殿も元気か？」

「ほれ橘太郎、〝元気でした〟って言うのですよ」

梅に背を押された橘太郎は、ピョコンと頭を下げる。

「それは上々！」

元十郎は自らも満面の顔で一気に水を飲みほした。

「おお…五臓にしみる。梅殿も橘太郎殿も元気だと聞けば、わしらとて負けられぬ！」

そう言いながら草鞋を脱ぎ、桶に用意された水で火照った足を冷やした。

二人が座に就くと、高橋治大夫が交渉の様子を尋ねる。

「首尾は上々でしたか？」

「儂らも梅殿や橘太郎殿に負けずいい話ができる」

元十郎は上機嫌で語る。

「木の葉のような頼りない舟だったが、船頭の見事な櫂《かい》さばきは交渉の吉兆であった」

国後《くなしり》、択捉《えとろふ》、得撫《うるっぷ》の島々を分ける海峡は、いつも波が荒く、霧が立つので渡海は難しいという。

こたびも雨が降り、雲霧も深まって難渋したが、それでも無事到着できたという。

梅は、津軽海峡を渡った時の怖さを思い出した。

大船でさえ難渋したのに、木の葉のような舟だと聞けば、なおさら身震いする。

「得撫《うるっぷ》の丘に立てた〝天長地久大日本属島〟の標柱は、空と海にも〝ここは日本の領土だ〟と知らしめたので、オロシアの十字架なんぞは恐がって隠れたに違いあるまい」

元十郎の得意満面の表情が、剽軽《ひょうきん》な顔に変わった。

「オロシアのカピタン（隊長）のことだが、身の丈六尺（一・八㍍）と見上げるほどの大男。色白で鼻高く、目は浅黄にうるみ、三つ組に束ねた赤い髪が背に垂れ、見るからに天狗か妖怪であった。されど口を開けて笑えば、童《わらべ》のように愛嬌があった」

梅は高尾山の天狗を重ねたが、赤い髪を束ねた天狗が笑っているところなど想像もできず、ただ目をパチクリするばかり。

「そのカピタンに〝八年前、貴国の使者アダム・ラックスマンに申し渡した通り、ここは日本の島である。その証の標柱を立てたのでこの地を離れよ〟と伝えたのだが…それが伝わらんのよ…」

アイヌの通詞は、交易の話は通じても、外交の話となるとチンプンカンプンである。

そこで元十郎は、かつてラックスマンとの交渉で覚えた片言のオロシア言葉に、身振り手振りを交えると、ようやく分かってくれたという。

「人種や言葉は違っても、意を込めれば必ず伝わる。人と人のつながりは、所詮心である」

八年前にラックスマンが連れて来た通詞は、強い南部訛りであったが、それでも日本語は通じる。その通詞と会話を重ねるうちに、オロシア語を少し会得していたのである。

「日本語をオロシア人に教え方がいたのですか？」

梅は驚いた。

「おそらく、オロシアの国へ渡った日本人の仕業であろう」

オロシアという得体の知れぬ国へ渡った人がいるとは、にわかに信じられなかった。

しかし、久助という船乗りが、オロシア人に日本語を教えていたのである。

久助は南部藩佐井村（青森県下北郡）の船乗りだったが、延享元年（一七四四）、南部藩多賀丸に乗って江戸へ向かう途中、大嵐で難破し、オロシア領に打ち上げられた。

幸い助けられ、後に日本語学校の教師となる。その久助の弟子がラックスマンの通詞として同行していたのである(＊40)。当然通訳言葉も南部弁になる。

元十郎が交渉を終えて得撫島を離れる時、カピタンはラッコ皮二枚を差し出し、「本国とも連絡が取れず食料も少ないので、これを米と酒で交換して欲しい」と嘆願したという。

元十郎は「交易は国禁」としてラッコ皮の受け取りを拒否したが、「支度が整い次第、いずれ島から離れよ」と諭して、米一俵と酒一樽を無償で渡して舟に乗ったという。

元十郎らは、時鳥《ほととぎす》が鳴くのを待つ策に徹したのである。

高橋治大夫は、元十郎の処置に目を細めた。

「お見事な御差配と感心致しました。鳥とて、鳴くのは心地よい春の誘《いざな》いのもと。こたびの寛大な処置で、オロシア人の心にも春が訪れましょう」

　これより三年前、近藤重蔵が択捉島《えとろふ》に〝大日本恵土呂府《えどろふ》〟の標柱を立てているが、今度は、更に北隣の得撫島《うるっぷ》にまで日本の属島を広げたことになる。

　梅は、高尾山の天狗より大きなカピタンに堂々と渡り合った元十郎が頼もしく思えた。

「そうそう、祐助殿は八王子の千人同心の出であったかな？」

「左様にございます」

「こたび、得撫《うるっぷ》には八王子の同心二人が同行してくれたが、良い働きをしてくれた。島の案内や島人との折衝、標柱になる板木作りなど大車輪の活躍であった。我らの交渉がうまくいったのも彼らの働きによる」

「我ら同郷の士にて案じておりましたが、過分なお褒めを頂き恐悦至極に存じます」

　祐助は、わが身の如くに喜びながら謝意を言う。

　話が落ち着くと、元十郎は梅に尋ねた。

「蝦夷の暮らしに慣れたかな？」

　暮らす環境も変わり、女の話し相手がいないのを心配してのことである。

「近くの村へ足を運び、少し覚えた蝦夷言葉に身振り手振りを加えて、姥《ふち》の皆さんに暮らし方を教えてもらっております」

「国後《くなしり》の事件もあり、蝦夷の民の心が離れている。我ら男言葉は所詮硬くなるが、背に武をかかえぬ女身同士なら、意思が疎通しやすかろう。言葉は不自由でも、心さえつながれば意は伝わる。

時をかけ、蝦夷の民には身を曲げて教わるがよい。いずれ融け合う時が来る」

元十郎は、「時をかけて女たちに接すれば、心は必ず通じる」と諭してくれたのである。

梅は、〝自分の蝦夷の役目〟を自問してきたが、元十郎の話に腑に落ちるものを感じた。

蝦夷は少数の和人が力でアイヌを支配する、いわば一滴の油が水を覆う世界である。せめて女だけでも心が通じ合えれば、例え水と油であっても溶け合えるかもしれないと考えていた。

この時、得心のいく自分の役目を悟ったのである。

「江戸に戻ったら親御殿に〝気丈ゆえ心配無用〟と伝えておこう」

梅は、奥蝦夷を往来する役人から蝦夷勤めの慰めや励ましを受けても、多くは通り一遍の言葉である。しかし、オロシア人を思いやる元十郎の言葉には胸底に届く優しさがあった。

目から鱗《うろこ》が落ちる思いで背を見送った。


（註：オロシア人が得撫島を退去したのは四年後の一八〇五年である）

（9）鵡川《むかわ》開拓所

享和二年（一八〇二）、鵡川《むかわ》は初夏を迎えている。

千人同心隊は、昨年春から勇払の南東四里、海岸沿い半日路にある鵡川で開拓を始めていた。勇払は火山灰や泥湿地のため農耕に不向きだったので、原新介は箱館御用掛に転地を願い出ていた。その願いが叶えられ、この鵡川へ移ってきたのである。

原新介を隊長とする勇払隊は、第一陣の五〇人と第二陣の十五人を合わせ、六十五人いた。その後、病死や帰国で減り続け、鵡川への移住初年は四十人ほどになる。さらに白糠《しらぬか》、沙流《さる》、山越内《やまこしない》への転属で、この頃は二十人余になっていた(*36)。

移住した頃、春の種まき時期に間に合わなかったが、それでも取りあえず、猫の額ほどに耕作した畑に、麦や蕎麦《そば》、大豆、大根などを試し植えしながら、、耕地の拡大に努めてきた。

開拓は難儀続きだった。

鉈《なた》や鉞《まさかり》知らず、鍬《くわ》や鋤《すき》知らずの大地は、頑《かたく》なに原始の姿で抵抗した。渾身を込めて振り下ろす鉄刃は悲鳴をあげて欠け、柄《え》は恐れ伏すように折れていく。開拓は思うように広がらなかった。

それでも、初めて陽の光を見た黒い土が放つ香ばしい匂いに、誰もが「今度こそ畑と家持ちになれる」と信じて鍬を振り続けた。

二年目の今年、十町歩（約十ヘクタール）まで広げた畑に、大麦小麦、粟《あわ》やインゲン、大豆や蕎麦《そば》、大根や蕪《かぶ》など、持参してきたあらゆる種子を植えつけた。

種の蒔き時や気候に合わない種子は発芽せぬまま腐ったが、前年の試し植えもあり、多くの種子は蝦夷の大地に芽をふき、畑を賑わしている。

もっとも、古来からの占有の地を追われた雑草は、執拗に耕作地にはびこるなど、苦労が続く。

開拓の合間に、自分たちが住む家も造った。

勇払の住まいは、朽ちそうな倉庫や急ごしらえの掘立《ほったて》小屋だったので、石の隙間に群生する団子虫のように、身を寄せ合って暮らしていた。

しかしここに来て、一軒に三、四人が住める茅葺きの小屋を十三戸ほど作ったのである。どの家も玄関をしっかり構えている。

家の中は、板囲いの壁、竈《かまど》と流し付きの土間、上げ床で囲炉裏《いろり》付き。畳は昨年、箱館御用掛から送られたものを持って来た。八王子の実家の造りには程遠いが、正月になれば「ここが我が家だ」と誇れる大きな松飾りが供えられる。

自分の作った家と緑豊かに育つ畑に、〝家持ち畑持ち〟の念願が叶ってきたと気が昂ぶる。

「畑をもっと広げれば、ここで暮らすことだって夢ではない！」

自給自足にはまだまだ遠いが、このまま開墾していけば必ず叶うと誰もが思い始めていた。

「みなさん、お変わりありませんか？」

梅が開拓所に現れた。橘太郎の手を引いている。

梅は、隊士たちが鵡川へ移った後も、遠路を厭《いと》わず顔を出してくれた。体調を崩した者、ケガをした者がいると聞けば、すぐに薬を持って駆けつけてくれた。

今日は、アイヌの集落に行った帰りに開拓所に立ち寄った。

梅は、姥《ふち》たちと心をつなげるのが自分の役目と決め、たびたびアイヌの集落に出かけている。

最初は通詞を伴っていたので姥《ふち》たちは警戒したが、通詞なしで行くと、わずかに覚えたアイヌ言葉にも耳を傾けてくれた。

身振り手振りを交える会話を通して、衣食住や花鳥風月など蝦夷の知恵を惜しみなく教えてくれる。そのたびに、姥たちとの距離が近まっていると感じていた。

ただ、姥の誰もが歓迎してくれたわけではない。

挨拶しても無言のまま睨《にら》み返される時もあり、和人の非議横暴を訴える者もいる。

働きが悪いと言われて棒で殴られたとか、誰彼の女房が手籠めにされたとか、逃げる者や理不尽を訴える者には死ぬまで制裁が加えられたなどと恨みがこもる。

そのたびに、「姥たちにどう向き合えばよいのか?」と苦悶していた。

同じ頃、祐助もまたアイヌとの交渉に悩んでいた。交易や生活習慣を正し、産業の心得を指導するのが役目だが、思うようには進んでいなかった。

それゆえ、国の大事に悩む祐助を煩《わずら》わせるのがはばかられ、相談もできず自問を続けていた。

ある日、思うことがあった。

蝦夷へ向かう在住家族との、道中のことである。

旗本家来や地方侍、身分や役職、俸給や地域、年齢や経験、そして抱える子供の年が違うなど、様々に異なる九組の家族が同行していた。

道中の前半は、見栄や損得、身分の軽重、子供の手間などで意見の相違や確執が目立っていた。

江戸の千住を出て二日目、栗橋関所に二組の家族が遅れて着いたのはそのせいでもあろう。

ところが後半、確執は減り、互いを尊び、助け合うように変わっていく
女たちは道々、「蝦夷はどんな所か?」と尋ねていたが、「蛮族か鬼の住む所」、「三途の川を渡るようなもの」などの酷評ばかり。中には「何であんな所に…」と絶句する者や「後悔するぞ!」「戻るなら今のうち!」と脅す者もいる始末。

江戸が遠くなる心細さもあいまって、女たちに募る不安が身を寄せ合わせ、自然、己に課す誠実さと他人に託す信頼が醸成されていた。人を尊び、寄り添ってこそできることである。

そんな道中の出来事をつらつら振り返っていると、ふと思い至る。

梅は姥《ふち》たちの辛い話を、人というより、和人として聞いていたと知る。これでは、姥《ふち》たちの心に寄り添えず、人を尊ぶことなどできない。

姥《ふち》たちの冷たい目線や抗議の声は、「人として見てほしい」という願いなのだと悟る。

こうして梅はまた一つ、姥《ふち》たちの心に近づくと、集落を訪ねる楽しみが増えていった。

橘太郎の喜びも梅の背を押していた。

勇払会所には子供がいない。日頃、橘太郎は仔鹿や仔狐など幼いもの同士のテレパシーで遊んでいる。

しかし集落へ行くと、橘太郎の目が変わる。子供たちが寄って来て、弓や槍投げ、浜や野山のかけっこに誘ってくれる。子供と遊び慣れしていない橘太郎でもはしゃぎだす。子供同士のテレパシーは通じやすい。皆と遊んだ日には、その一コマ一コマを眠るまで興奮気味に語ってくれる。


梅がこの日訪れた集落でも、新しい話が聞けた。

梅を迎え入れた姥たちは、ふと目を和らげ頬をゆるめた。すると、一人の姥が刺繍を施したアットウシを家から持って来た。

アットウシとは、オヒョウ（楡《にれ》の木）やシナノキの内皮で作った着物である。春に木の皮をはぎ、水につけて柔らかくしてから糸に仕上げ、布に織って着物の生地とし、そこに左右対称になるように紋様を刺繍している。

姥は、その紋様の訳を、一つ一つの模様に触れながら話してくれた。

十文字や波型、渦型などを組み合わせた紋様は、命の誕生の喜びを表し、左右対称に刺繍するのは、人として向き合う心を表しているという。しかもその紋様は、祖母から母、母から娘へと女の系譜にそって受け継がれるという(＊41＊42)。

紋様は〝生《いのち》をつなぐ女の紋章〟なのである。

別れ際、姥《ふち》たちは母親のように優しかった。

「新しい生《いのち》につながりますように」

梅のお腹に子が宿っているのを知って、生《いのち》をつなぐ紋様の話をしてくれたのである。

梅は妊娠していた。


梅の話は、いつも新鮮で楽しい。どんな役人が来て、どんな話をしてくれたか等々、声音を変えて話してくれる。

梅を囲む隊士たちの輪には笑い声が長い間続いていた。

ふと、一人が剽軽《ひょうきん》な声をあげた。

「おう、梅さん！　お子ができたのではあるまいか？」

梅は言い当てられたことに戸惑いながらも、小さくうなずく。

「おう！　お子ができたのか！」

「それはめでたい！」

「こんな嬉しいことは久しぶりだ！」

梅を囲む輪に、どよめきの歓喜があがった。

隊士たちは、蝦夷に来てから辛い日々が多かった。

根菜の芽を拒む大地と、思い通りに開拓できないジレンマゆえである。

火山灰の積もる勇払原野は、根菜の種の自由をことごとく奪い、発芽も生育も許さなかった。

何日たっても芽が現れず、やっと出てもすぐに萎《しお》れてしまう。その惨状は、隊士たちの心胆を寒からしめた。

また、箱館御用掛の指示で、道路の開削や旅宿など官営施設の造営、江戸から来る幕府役人の随行に狩り出され、鍬を自由に振るえない辛さがあった。呼び出しがかかり、鍬《くわ》を大地にさしたまま出向く時には、いつも涙がでる。

その上、布袋様のようにブクブクになって息絶える者や八王子へ帰る者を見送るたびに、後悔の念がわく。

蝦夷に行ったら畑持ちになれるという期待が、次第に不安に変わっていった。

ただ、嬉しいことも少なからずあった。

一つは多摩川べりの宴の席で「必ず行く」と言っていた梅が、勇払川の対岸に現れ手を振っていた時である。隊士たちはみんな涙して喜んでいた。

二つ目は、病の横井八五郎を護送して八王子へ帰った市川彦太夫が、戻って来た時である。彦太夫の土産話も楽しかったが、彼の姿そのものが誇らしかった。

そして今日、もっと嬉しい話を聞かせてもらった。梅の懐妊である。

「一度はだめだといわれたが、この分では越後から嫁だって来てくれるさ」

梅の懐妊は、鵡川の隊士たちに勇気を与えた。


しかしこの享和二年、蝦夷の開国政策は足元で揺れ始める。

二月、箱館の蝦夷地取締掛は長崎奉行に次ぐ奉行格に昇格し、五月に箱館奉行と改称する。そして、七月には東蝦夷地を永久直轄するなど、蝦夷政策が着々と進んでいるように見えた。

ところが幕府中枢では、開発を進める意見と、開発をやめて松前藩に再び返すという意見対立が深刻化していたのである(*43)。

原因は、見込んでいた交易収入が少なく、経営費を圧迫していたからである。

この動きは、隊士たちの期待を封じ込めることになる。

解説三〈蓋を開ける者〉参照
㈥　謎の火の玉　………217

四章　生《いのち》をつなぐ

(1)　義経伝説

梅は崖の上にある真新しい小さな社殿の前にいる。

社殿には、毘羅取《びらとり》大明神と書かれた額がかかっている(＊44)。

橘太郎は、祐助が持つ水の入った桶を下から両手で抱えている。父の手伝いをしているつもりである。まだ四歳だが、大人の自覚が垣間見える。

梅は桶から杓《しゃく》で水をすくい、手を洗い、口をゆすいで身を清めた。

開けた厨子《ずし》（引き戸）の先には、一尺（約三〇チセン）ほどの木像がある。

平取《びらとり》の義経神社の御神像として祀られている義経像である。

目には水晶をはめ、金箔を施した鍬形兜《くわがたかぶと》に緋縅鎧《ひおどしよろい》を身に着け、石に座る姿は神々しいばかりの輝きを放っている。

その台座背面には、〝寛政十一年巳未四月二十八日　近藤重蔵　藤原守重　比企市郎右衛門藤原可満〟、台座裏には〝江戸神田住人大佛工　法橋善啓〟の墨書がある(＊45)。

梅は、凛々《りり》しい若武者の威厳に圧倒されながらも、喜びに感極まる。

目の前にいるのは、御伽草子の挿絵で目にした義経であり、ホロベツや三厩《みんまや》で耳にした義経なのである。

義経像に手を合わせ、頭を深く垂れて目を閉じた。

木の葉を揺らす風のそよぎや、森を飛び交う鳥の羽音さえ鎮める無碍《むげ》の空間に入ると、「二人で産むこの身をご加護下さい」と心で唱える。その時、胎児が動くのを感じた。願いが届いたと確信する。

平取の義経像　（＊45）

柔らかい柏手《かしわで》の音が二度、社殿に響いた。

後を追うように、祐助と橘太郎も同じ所作で拝礼し、柏手を打つ。拙《つたな》い橘太郎の柏手は三度、四度と続く。

お参りが終わると、梅は祐助に礼を言った。

「ここにお導き頂きありがとうございました。お蔭で御神像にお参りもでき、願いも届きましたので、きっと無事に二つ身になります。ご安心下さい」

そして、橘太郎の手を握る。

「まもなく兄上になりますから、産まれてくる子と仲良くお頼みしますね」

今日は暦の上では戌《いぬ》の日にあたる。

犬はお産が軽いので安産の守り神として崇められている。子を身ごもった女は、体が落ち着くと戌の日に神社にお参りし、「子が無事に産まれ、元気に育ちますように」と祈る。

勇払には海の守り神の弁天社はあっても、安産を祈願できる神社仏閣はない。ところが、三年前の寛政十一年、沙流《さる》川上流の平取《びらとり》（沙流郡平取町）に、小さいながらも義経を祀る神社が建てられた。

平取は、勇払から海沿いに東へ七里半（三〇キロ）、沙流《さる》川を四里さかのぼる。村は二十一軒で集落をなす。義経の社殿はその村を見下ろす険阻な崖の上にあった。

祐助は身重の梅と橘太郎を連れて、梅の安産祈願のために訪れたのである。

義経の御霊を祀る神社が平取にあると知ったのは、梅が勇払に来て間もなくである。

近藤重蔵や沙流《さる》会所の比企《ひき》市郎右衛門らが義経の神像を寄進したという。

義経は怪力無双の弁慶をこらしめ、一ノ谷の断崖を下って平家滅亡の手柄をたてたのに、兄にうとまれて自害した可哀そうな若武者だと聞いている。それがなぜか、津軽の三厩《みんまや》やホロベツ（登別市）でも耳にした。隔絶した地で聞く義経の名は、心の琴線に触れる。

姫に兵法書を尋ねる義経（＊46）

梅は感情豊かな頃に聞いた御伽草子の世界を思い起こしていた。

母は子女教養の書とされた御伽草子の中から、一寸法師や桃太郎、鉢被り姫など、挿入絵を織り交ぜた一枚一枚を、情感たっぷりに読み聞かせてくれた。〈御曹司《おんぞうし》島渡り〉の話もよく覚えている。

義経は平家打倒のために、蝦夷ヶ島の大王の持つ兵法書を見よと諭されて島へ向かう。島では大王の姫と契りを結び、訳を話して兵法書を見せてほしいと頼みこむ。意を解した姫は大王が隠す兵法書を探し出してくれた。

義経がその中身を書き写すと、たちまち白い紙になる。異変を悟った姫は「すぐに逃げよ！もし私の身を案じてくれるなら、水を入れた建盞《けんせん》（茶碗）で確かめるがよい」と言って逃してくれた。

　追いかけてくる赤鬼青鬼を振り切り、やっと都へ戻った義経は、姫の身を案じてすぐに建盞《けんせん》を見る。すると、赤い血が浮かんでいたという(＊47)。

　梅は蝦夷ヶ島がどこにあるかを知らずとも、大王に殺されたお姫様に涙し、助かった義経に安堵したものである。

　今、その蝦夷ヶ島にいて新しい命を知った時、一抹の不安を覚えた。橘太郎の時には、母や姑など心強い女衆がいた。しかし、勇払ではお産を介添えしてくれる女はいない。

　梅は一人で産む力を授かりたいと、義経を祀る平取の神社にお参りに来たのである。

　お参りを終えて境内を離れ、崖の道を下る時、大きな川が眼下に広がる。沙流《さる》川である。浅瀬は白く、深みは碧く色合いを変えながらも、水は滔々と流れている。

　今流れている水も、明日流れる水も、たどり着く先のことなど思い煩《わずら》うそぶりなど見えない。全ては沙流川を信じての流れなのである。

　義経像といい、沙流川といい、信じれば導き加護してくれるものが、この大地にあると知る。

　振り返ると、神社を飛び交っていた鳥のさえずり、木の葉のそよぎ、風の音など、全てが梅を包み、守っているように思えてきた。

「沙流川を流れる水のように、神社の御霊と蝦夷の大地にわが身を任せよう…」

梅の心から、不安が消えていた。

解説四　〈生《いのち》をつなぐ〉参照

(一)　義経の蝦夷渡り起源　……219

(二)　義経の人気度　……223

(2) 鯤の誕生

享和二年、秋の気配が大地を覆っている。

梅に出産の日が近づいていた。

橘太郎の時には母や姑がそばにいたが、勇払では頼める女はいない。

梅は一人で産むと決め、平取の義経神社にお参りしていた。

ところが、近くのアイヌの村から姥《ふち》たちが集まって来た。訪ねたことのある集落の姥たちである。近いといっても三里、四里と半日路の距離である。

「女は元気な子を産みたいと願い、それを見守る母親は二つ身とも健やかであれと願うもの。私ら姥とて同じ思いです。きっと母親代わりになりますとも」

梅は、アイヌの反乱や和人の非議横暴を耳にしながらも、姥たちと心をつなげるため、たびたび姥たちの集落を訪ねていた。とはいえ、まだまだ花鳥風月を語る程度の入り口である。

それだけに、思いがけない申し出に喜んだ。

「未だお役にも立てておりませんのに、過分のお申し出は身に余る思いです」

「新しい命は、どんな天の下であれ、等しく授かるものです。女身であれば、それを喜ばぬ者などおりますまいに」

姥《ふち》たちは子を産む女に境界などないという。

「覚悟はしても怖さがありましたので、ありがたいことです。何とぞお力をお貸しください」

姥たちの姿が猪子の母に重なり、張っていた気が緩んだ。

「子を産む時にと、母が行李《こうり》に入れてくれた品々です」

梅は風呂敷包を出して結びを解いた。さらし木綿と白い産着、へその緒を切る鋏《はさみ》と麻糸が油紙に一つ一つ包まれている。

姥たちに戸惑いの声があがる。

姥の一人が子を産むときの守りごとを話してくれた。

「この世には、心の良い神様と悪い神様がいます。心の悪い神様はかわいい赤子に悪さをするので、無事に育たなくなります。そのため、悪い神様の目から赤子を隠そうと、丈夫な女が着古した布地を産着に使うのです」

丈夫で長生きした女の古着を使うのは、その人の強い生命力を借りて赤子を守るためであり、着古した布地を使うのは、汚れたようにみせかけて「この子はボロに包まれた子です」と悪い神様が振り向かないようにするアイヌの知恵なのである(*41)。それゆえ、姥たちは真新しい産着を見て驚いたのである。

産着を手に取り、縫い目をさすっていた姥が続けた。

「女にとって針は命にも違わぬ大切な物です。この白い産着の一針一針の縫い目には、母親の強い命が刻まれています。この産着ならきっと、悪い神様もその力を恐れて寄り付きはしますまい」

アイヌには、「女の悲鳴が聞こえたら、なくしたものは人か針」の言い伝えがある。大切な針が通った縫い目には、母の力がこもっているから大丈夫だと安心させたいのであろう。

もう一人の媼《ふち》は、出産するまでの守りごとを話してくれた。

重い物を持たない、長い物をまたがないなど「してはいけない」行為や、産むのを楽しみにして暮らすことなどを教えてくれた。日々、母体の心身がそのまま胎児に乗り移るからだという。

祐助には、山や海の神様は汚れた物を嫌うので、出産が近づくと猟をせず家に戻り、お産の時には家で音を立てずに静かにしていることなどが告げられた。

満月の日の夕刻、東や西の村から媼たちが集まって来た。お産の軽かった女ばかりである。

今夜、海が満潮になるのを知り、腹を痛めた女たちがお産の時間を当てていた。

媼たちは勇払川の水を釜に満たして産湯を沸かし、家の入口の炉のそばに茅《かや》を敷いて筵《むしろ》を重ね、天井の梁《はり》には力綱となる太い縄を吊るして産床を整えた。

夜、梅は媼たちの予感通りに産気を感じて、産床に身を横たえた。

間合いをもって下から上へ突き刺す激痛に拳を握り、歯を食いしばり、身をよじり、声を伏せて耐えた。

次第にその間合いが狭まり、浜に寄せては砕ける波の音さえ痛みを誘った。

何度か激痛を繰り返すうちに、「産む時が来た」と悟る。

〝気〟を知った姥《ふち》が梅の半身を持ち上げ、厚い布を口に押し込み、力綱を握らせた。

体全体に激痛が走り、次第に痛みが下腹部に集まる。力綱を握って身をよじり、渾身の力を入れると、胎児が動くのを感じた。

間もなく破水した。

下腹部に集まっていた激痛は、弾けるように全身に走った。力綱は梁《はり》をきしませ、手に喰いこんだ。痛みは四肢の隅々まで発散したが、口の布がほとばしる声を留めている。

胎児を引き出す姥が「力《りき》め！」と荒げる。

歯が砕けんばかりに口の布を噛み、手が喰いこむほどに力綱を引いて、全身の力を下腹部に入れた瞬間、胎児が産道を通るのを知った。

梅は、「産み落とした」と思った。

姥が子を抱き上げると、泣き声があがった。胎児が赤子となったのを世に風靡《ふうび》する声である。

背後の姥が梅の背を抱え、手に喰いこんだ力綱をほどいて産床に戻した。

「女の子だよ。元気な子だよ」

姥《ふち》は産湯を使う前に、産まれたままの赤子を梅の胸元へ預けた。

まだ濡れている小さな体から響く胸の鼓動と温《ぬく》みを知ると、喜びの感動が全身を走った。

産湯で体を洗われた赤子が再び梅の胸元へ戻された時、アイヌの着古した布地の産着に包まれていた。梅は産床に入る前、「ここの守りごとで授かりたい」とお願いしていたからである。

「悪い神様は決して振り向かないでしょう」

「良い神様がきっと守ってくれますとも」

姥たちは産床をきれいに整えなおしてから、祐助と橘太郎を呼んだ。

祐助は守りごとに従って静かにしてはいたが、呼ばれた時にはまだ呪縛をかけられたように動きがぎこちなかった。産床で元気な梅と赤子を見て我にかえり、やっと声を発した。

「梅…良かった…ご苦労だった…」

「姥《ふち》の皆様のお陰で、無事二つ身になりました」

赤子を撫ぜる橘太郎の手の動きもぎこちない。

「兄上になりましたよ。仲良く頼みますね」

橘太郎の手は、赤子の吸いつくような柔らかい肌にまごついている。

お産を手伝った姥たちは、日々代わる代わる、母のように介添えしてくれる。数日の間出入りしていたが、梅の体調が落ち着く頃、何事もなかったかのように去って行った。

梅は女衆がいない勇払で出産している。

一人で産んだのかもしれない。身を守るのは己一人の自覚である。

明治初期、伊豆の依田勉三は原始の十勝平野に鍬を入れている。その過酷な開拓の様子を描く松山善三の『呼ぶ声(*48)』に、女が一人で帯広川のほとりで赤子を産み落とす様子がある。このように、女が一人で産む話は北海道の開拓期に多々残る。梅が一人で産んだのなら、同じ状況であったと推測できる。

(註：本書の出産の様子は『呼ぶ声』から引用)

あるいは、和人女が駆けつけたのかもしれない。

梅の出産から五年後にはなるが、津軽藩士山崎半蔵の日誌に「沙流《さる》在住　折原政吉の妻」の記載がある(*36)。梅の出産の頃に、近くの沙流《さる》会所や白老《しらおい》会所に和人女がいたのなら、七、八里の距離を駆け付けてくれたとも推測できる。

しかし、女のいない勇払会所に子供が生まれるという知らせは、近くのアイヌの村に伝わったはずである。和人に虐げられているとはいえ、子を産んだ女の本能が梅の出産を放っておくはずはあるまい。アイヌの女たちが駆けつけたと思うのが自然であろう。

数日後、祐助は〝鯤〟と書いた紙を梅に見せた。

鯤とは、『荘子《そうじ》』の逍遥遊編にある寓話の主である。

冥《うみ》：広い海、暗い海

北の冥《うみ》に魚あり、その名を鯤《こん》と為す
鯤《こん》の大きさ、その幾千里なるかを知らざる也
化して鳥と為るや、その名を鵬《ほう》と為す
鵬《ほう》の背は何千里あるかは知らざる也
怒《ど》して飛べば、その翼は天空深く垂れこめ雲の如し
この鳥、やがて海をめぐれば、南の冥《うみ》にうつらんとす
南の冥《うみ》とは天の池なり

（一部略記：鵬が南冥《なんめい》に渡るには、海を激しく打って九万里の高みに舞い上がり、半年続けて一息するという。すると…）

蜩《ひぐらし》や小鳩たちは之を笑い「我らは決起して飛び、楡《にれ》や枋《ほう》の木に留まるも、時には地に落ちることさえある。なんぞ九万里に舞い上がり、南へ行く必要があるというのか」と。
近くの野に行く者は三度の食事をとるだけで事足りるが、百里先に行く者は一晩米をつき、千里先に行く者は三ヶ月前から食を集め支度をするという。
されど、この二匹の小鳥たちに何が分かるというのか…。

（12ページの挿絵とも、＊49）

敬愛すべき親から離れ、か弱い妻子を連れて異境へ来た身に、寓話にある蜩《ひぐらし》や小鳩のような声は、相当に大きかったはずである。

赤子の名を考える時、湯島聖堂で学んだ『荘子』の寓話は、子への期待に加え自分の心境を言い当てているだけに、ためらわずに命名したであろう。

そして、「北の冥《うみ》の鯤が、鵬と化して南冥《なんめい》に移る」という筋書きもまた、蝦夷の開国にかかわる己の姿に重なる。時宜にかなう命名といえる。

「〝こん〟と名付けようと思うが如何か？　蜩《ひぐらし》や小鳩たちに負けず、高い志で飛び立つのを願ってのこと」

祐助は寓話を語って聞かせる。

梅は頷《うなず》き、赤子に呼びかけた。

「鯤《こん》、良い名を頂きましたね」

そして、祐助に向く。

「鯤を無事授かりましたので、平取《びらとり》の義経神社へお礼に参りとうございます」

「承知した。春になったら是非行こう。今度は四人だからもっと賑やかになる」

(3) 言霊《ことだま》

享和二年の冬が始まる。

白糠《しらぬか》の原半左衛門の遣いとして、森本虎之助が勇払に来た。

白糠と鵡川《むかわ》の間には、指示や情報交換の使者が定期的に往来している。虎之助は今年最後の使者として、半左衛門の指示に加え、この一年の耕作面積や収穫状況、隊士たちの現況報告などを原新介に伝え、その足で勇払会所に立ち寄ったのである。

虎之助は祐助へ同様の報告を済ますと、官舎にいる梅の所に立ち寄った。

「おう、この子ですね！　産まれた赤子は…」

鯤は古布子の産着に包まれ、竹編みの揺籠《ゆりかご》の中でまどろんでいる。産着はアイヌの姥《ふち》たちが作り、揺籠は千人同心隊士たちが作ってくれた。

虎之助は梅より三歳年下で、今年二十一歳になる。

八王子では寛政十二年九月から、百人の開拓第二陣を募集したが、集まったのはわずか三十人。それでも応募した面々は、新天地で土地を持ち、蝦夷の千人同心になる夢を膨らませていた。それだけに、第一陣とは明らかに違う意志の固さがあった。

翌享和元年二月、三十人は夢を膨らませて勇躍八王子を出発した。

虎之助は、その第二陣として勇払に着任し、その後白糠に転属している。梅との再会は一年半ぶりになる。

「ほれ鯤、虎之助様ですよ」

そばにいた橘太郎は、不意の客を警戒して鯤を囲う。もうすっかり兄の風格が身についている。

「おう、橘太郎殿も逞《たくま》しくなったな。元気で何より！」

虎之助は橘太郎の警戒にかまわず、赤子の顔を覗き込む。

「梅さんがお子を産んだと、みんな喜んでおりますよ。私は果報者だ、白糠の仲間では一番先に会えたのだから…」

産まれて二、三ヶ月ほど。首はまだ座っていないが、目線は虎之助に反応している。

「おー良い子だ…良い子だ…」

虎之助の手は不機嫌な橘太郎の囲い手をくぐり、鯤の頬をなぜる。鯤は嫌がる素振りをみせる。

ごつごつした手触りのせいであろう。

「白糠の皆さんにお変わりありませんか」

橘太郎は囲っていた手を離した。あきらめたようである。

「白糠は大きく変わりましたよ。収穫は少なかったけれど、黒い畑が広がりましたから」

虎之助は鯢の柔らかな頬やふくよかな手を楽しみながら、白糠の様子を語った。

白糠では茶路《ちゃろ》川や尺別《しゃくべつ》川の川沿いを開墾し、三年目で畑を二十町歩（約二〇ヘクタール）まで広げた。鵡川場所の二倍である。大根や芋、菜物や蕎麦《そば》は程々だが、麦は不作で自給自足には程遠いという。

遅い春や寒い夏など、蝦夷の気候風土は八王子の農法をことごとく跳ね返していた。それでも虎之助はめげず、畑が広がるのを素直に喜んでいる。

「今年もお役人がたくさん来たので、皆さん忙しかったでしょうね」

白糠の千人同心隊も、役人のお供や道路開削、施設造営に狩り出され、開拓は二の次である。役人の従者として、去年は近藤重蔵の択捉《えとろふ》島に十人、富山元十郎の得撫《うるっぷ》島に二人と、白糠隊のメンバーが随行した。今年も多くの役人に随行している。

道路開削では、去年の五月には、斜里《しゃり》川上流のトンダベックシ（斜里郡清里町札弦《さっつる》）から摩周湖の東側を通り虹別《にじべつ》（標津《しべつ》郡中標津町）までの八里、いわゆる斜里《しゃり》新道(＊50)に総出で取り組んだ。松平忠明の西蝦夷巡検にあわせた山道開削である。

さらに旅宿造営では、様似《さまに》から国後島へ渡る野付《のつけ》までの十ヶ所の会所に狩り出されている。

虎之助もその一人である。

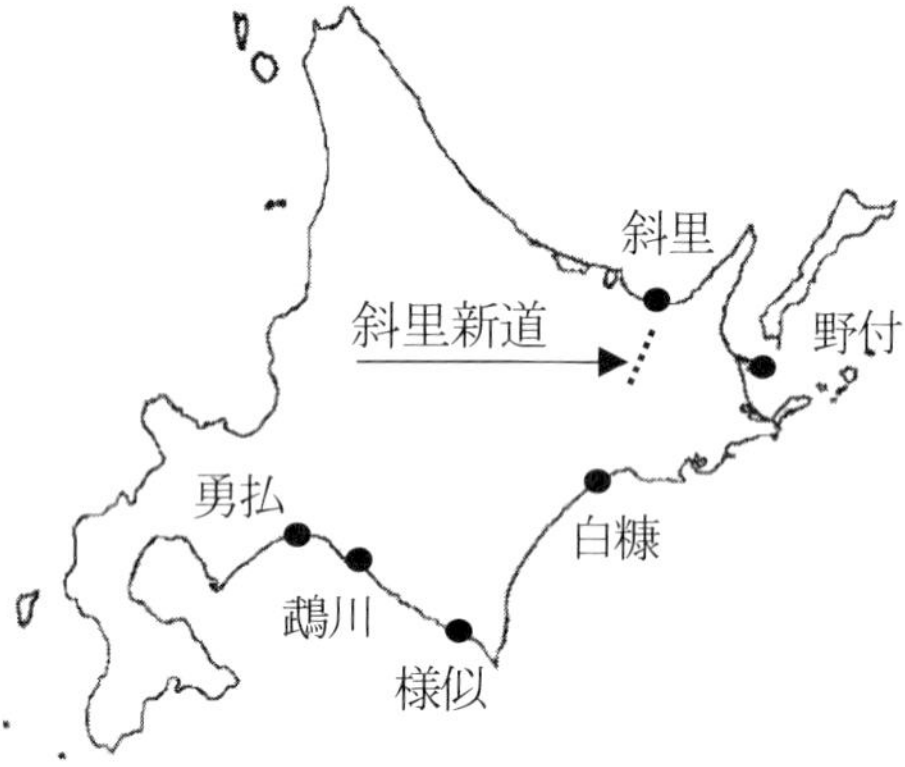

蝦夷の一年は半分が冬である。役人の従者や道路開削、旅宿造営に狩り出されれば、畑の開墾に関われるのはせいぜい一～二ヶ月程度であったろう。

しかも相手は太古のままの大地である。容易に開墾が進むはずはない。

移住して三年目の享和二年、自給自足の展望が開けぬ中、百三十人のうち、既に死者二十八人、帰国者十六人と三分の一が脱落している。

ただ、この時点での脱落者に、第二陣の者はいない。

「鍬で掘り起こした黒い土は、麦や蕎麦《そば》をきっと稔らせくれます。畑が広がれば、郷へ帰った仲間も必ず戻って来るし、死んだ仲間だってきっと喜んでくれる。みんなそう信じて鍬を振るっているのです」

虎之助の言葉には感傷がない。何事も前向きに捉えている。

旅宿造営の話にも口は滑らかである。

「大工さんたちに、言霊《ことだま》というものを教えてもらいましたよ」

大工や木挽《こび》き職人は南部（下北、岩手）の人が多かった。彼らは家を造ると約束したら、どんな時でもとびっきり縁起のいい家を作ろうと、方位に合わせて位置を決め、一棟一棟に工事の安全と末永い繁盛を祈願して祝詞《のりと》をあげる。祝詞《のりと》とは、大工が建主と家に安全と繁盛を約束するものであり、これを唱えると必ず叶うという(*51)。その言葉の力を言霊《ことだま》だという。

その言霊《ことだま》の喩《たと》えに、南部に伝わる〈鬼六〉という昔話を教えてくれた。

急流に橋をかけてほしいと頼まれた大工が、「お前の目玉をくれるなら橋をかけてやろう」という鬼に、「わかった」とうっかり約束してしまった。

鬼はすぐに橋をかけた。見事な出来栄えであった。

すると鬼は「約束を守れ」と迫ったが、大工は「目玉を取られては仕事ができん」と困り顔をした。すると鬼は、「それなら俺の名前を当ててみろ。そうしたら許してやる」と言う。

大工は一生懸命考えた。でもいくら考えても分からない。

ところがある日、「鬼六さ〜ん」と歌う子供の声に「これだ！」と確信した。

川へ戻ると鬼が「分ったか？」と聞くので、「鬼平だ…鬼作だ…」とわざと違う名で呼んだ。

「違う、違う」という鬼の顔がだんだん喜びに変わる頃、「鬼六だ！」と答えた。

すると、鬼はあわてて逃げ帰ったという(*52)。

「目玉をやる」の言葉で鬼が橋を作り、「取られては困る」の泣言で鬼の心を翻意させ、子供の唄声が大工に届き、名を当てると鬼が退散したとあるように、この昔話には言霊がいっぱいある。

「例えうっかりであれ、一度交わした言葉には言霊《ことだま》という霊が宿り、それが人を動かすのです」

虎之助はそんな話をしながら、ふと考え込んだ。

「そうか…すると…蝦夷へ来たのも言霊のせいだったのか！」

そうつぶやくと、自分を蝦夷へ連れてきた言霊を確かめるように、父親との話を語りだした。

最初、「蝦夷へ行く」と父親に話すと、「何でそんな所へ行くのか」と笑われたという。

その頃、第一陣から届く便りでは、「住処《すみか》は掘立小屋、開墾はかどらず」の苦労話ばかり。父親は虎之助が二男三男の厄介者でも、これ以上苦労をかけさせまいと反対したのである。

しかし、虎之助とて一度言い出したら引くわけにもいかず、「俺には儒者や医者の知恵もなく、養子の器量もない。兄者の飼い殺しで終わるより、せめて蝦夷で畑を耕し、いずれ嫁をもらって子と一緒に畑を広げてみせる！」と意気込む。

幾度か「止《や》めろ」「行く」の応酬が繰り返された。

反対されれば一層いきり立つのが若者の性分である。

ついに「父の許しをもらえずとも行く！　今行かなければ生涯悔いる！」と啖呵を切ると、とうとう父親もあきらめた。

「父の最後の言葉を思い出しましたよ。〝難儀とてやり遂げろ〟と…」

虎之助は懐かしむように目を細める。

「きっとそれが父の言霊なのです。必ずやり遂げますとも！」

虎之助の顔は柔和になる。胸のつかえが下りたのであろう。

「虎之助様は、言霊の導く通りに頑張っているのですから、きっと叶いますとも！」

梅の言葉に表情をくずした。

しかし、その言霊は虎之助を厳しく律することになる。


歳の近い梅と虎之助の二人は、山野を駆け巡る鹿の大群、夜の闇に響く狼の遠吠え、川を埋め尽くす鮭の群れ、迫り来る黒雲のような海霧など、見た事のない光景や事象に話が弾んだ。

虎之助は、別れ際、鯤の頬をさする。

「鯤！　蜩《ひぐらし》や小鳩などには負けるなよ」

自分を鼓舞する言葉にも聞こえる。

梅は、遠ざかる虎之助を見送りながら、ふと考える。「私を蝦夷へ導いた言霊は、どんな言葉だったのだろう？」

祐助の話や父の気遣い、母のさりげない言葉、はたまた街の噂話などを思い浮かべた。

しかし、「蝦夷に貢献できれば真願が叶う」の千人頭の言葉までたどり着くことはなかった。

解説四　〈生《いのち》をつなぐ〉参照

㈢　千人同心隊の蛍火　……226

⑷　命の秤《はかり》

享和三年五月、西暦では一八〇三年七月にあたる。

野山の木々はいつの間にか、あたかも大仏の螺髪《らほつ》のようにこんもりと丸みを作り、平原にも緑のうねりを作っている。

春に命を授かった仔鹿はその螺髪《らほつ》の森を風と競うように駆け抜け、幼鳥《ことり》は空と森の境を確かめるように飛び交い、稚魚《こざかな》は己の輝きを誇るように川辺で銀輪を光らせている。

勇払の夏が始まっていた。

…見覚えのある川岸に立っている
…橘太郎と鯤がまとわりついている
…煙たなびく家が霞の中にぼんやりと浮かび
…子供二人が見えたり隠れたり
…兄と自分なのか
…橘太郎と鯤なのか
…母を呼んでみた

…声は帯になって霞に吸い込まれていく
…家の陰で、手が影絵のように揺れる
…手招くようでもあり、振り払うようでもある
…母だと思っても姿は見えない
…そばへ行こうと川に入ると
…何か、忘れているものがありそうな…

「母上…」

か細い声が右の耳を通った。しばし考え、橘太郎だとわかった。

うっすらと開けた目の前に、祐助と橘太郎の顔がある。

「猪子の母上様は達者であったかな」

祐助の問う声に記憶の糸を手繰ると、夢で実家に行ったのだと悟った。

「夢でしたか…夢とはいえ、お許しも得ずに里帰りしてしまいました」

「蝦夷へ来て一度も里帰りさせることもできぬ。そなたばかりか猪子の親御殿にも相すまぬこと。たとえ夢であれ、里帰りできたのなら嬉しい」

祐助の声に安堵の響きがある。

「父からは〝決して帰ってはならぬ〟と言われておりますゆえ、夢とはいえ心の緩みに恥じ入るばかりです」

「責めることはない。我らは〝父母ありせば、子遠遊せず〟に逆らっての身だが、如何ようであれ、親を慕う心は変わらぬ。さて、夢とはいえ長旅に疲れたであろう、今一度休むがよい」

梅は橘太郎の手を握った。

「聞こえましたよ…あなたの声が…。おかげで一緒に戻ることが出来ましたね」

ふと梅の目線が騒がしくなった。

「鯤?…鯤は?…鯤はどこ?…」

祐助は、次第に大きくなる梅の声を解せぬまま、姥《ふち》に抱かれている鯤を呼び寄せた。

鯤は梅の傍にハイハイ歩きしながら寄って来たが、床に伏す梅に興味などなく、再び姥《ふち》の方に逃げていく。

鯤がまとう着物は姥の着古した布地でできている。猪子の母親が縫った白い産着は、行李《こうり》に入ったままである。

「良かった…一緒に戻れて…」

梅は鯤の姿が見えないので、一瞬「夢の世界において来たのでは?」と狼狽したのである。姿を確認すると、安心したように深い眠りに入った。

命の秤
（八王子市　真覚寺）

梅はまどろみの中にいる。

…“釣瓶《つるべ》に背を寄せてまどろむ”
…“陽が棹《さお》を担ぐ”
…“釣り縄が石をつかむ”
…“陽の光が射しこむ”
…“棹《さお》が揺れて時を知らせる”

まどろみから目を覚ました。

何時《なんとき》かが過ぎていた。


祐助と橘太郎は梅を囲み、鯤は姥《ふち》の膝で遊ぶ。鯤の出産に立ち会った姥たちが、何かの力に誘われ集まっていた。

梅の顔には生気が帯びている。

「祐助様、体の芯がその時が来たと教えてくれました。どうぞお力をお貸し下さい」

祐助は先刻との違いを感じ取り、梅を抱えて半身を起こした。そこから先、梅は一人で正座し、寝巻を整え、髪をとき、口に紅をさす。健常と変わらぬ生気が周りに漂い始めた。

梅は姥《ふち》たちの方を向き、一人一人の目を見て、名を呼びながら会釈する。

「皆さまと心を通わす間《ま》を持てず、お力になれぬまま時を過ごしましたこと…子供たちへ手を差し伸べて頂きましたご恩にも報いることもできず…悔いております。せめて、お詫びを申し上げるのが今生の始末…」

三つ指をついて深く頭をさげる。

梅は、姥《ふち》たちの尊厳を守って心をつなぐのが役目だと決めていたが、まだまだ果たせていない。その悔いの念が、三つ指を震わせる。

姥たちも身を折って返す。目を潤ませる者もいるが、無駄な声は出さない。

しばし身を折っていた梅は、身を起こすと鯤を呼ぶ。

「鯤、おいで」

鯤を抱いていた姥は膝の上から降ろして、梅の方に向かわせる。鯤は四つん這いになり、ハイハイ歩きで梅に近づく。数え二歳だが、初誕生日を迎えていない。まだ乳の恋しい頃である。

梅はいつものように鯤を胸元に抱える。力は限られているはずなのに力む様子もない。母親の持つ本能の力が支えている。

梅は、鯤を膝に抱えると、もう一度姥たちの方を向いた。

「皆様のお陰で悪い神様が振り向かず、こんなに大きくなりました。ありがとうございました」

梅は鯤を抱えて、再び礼を言う。

「鯤、姥の皆様のお陰で元気に育ったのですよ。一生忘れてはなりませぬ」

姥《ふち》たちの頬は微笑んではいるが、目元はかたい。

梅はもう一度身を折って一礼する。

それから、寝巻の胸元をあけて鯤に乳首を含ませる。

鯤は乳を吸い始める。

乳をふくませながら我が子を見つめる眼差しは、穏やかな母の姿である。

ほどなく、乳首をふるわす音が響く。鯤はむずかりだした。梅は左に右にと抱え直すが、すぐにむずかる。

鯤は乳の出ない胸元に愛想をつかして、膝元からずり落ちる。助けを求めて姥の方へ逃げていく。口に残る乳の香りと肌に残る梅の温もりが、最後だと知るはずもない。

梅は鯤を目で追いながら、代々受け継いできた〝女の紋章〟が途切れる無念さに、心が締め付けられる。

姥はその意を悟り、寄って来た鯤を膝に乗せ、梅にも鯤にも言い聞かすように話す。

「こんなに大きくなったのだから、母の温もりを忘れるはずはありますまい。安心なさい、きっとつながりますとも」

母として、娘へ伝えるべき〝生《いのち》をつなぐ女の紋章〟を姥《ふち》たちへ託して、梅は三つ指をつく。

体の芯は、許された生気の時間を淡々と刻んでいる。

「橘太郎、立派に育ってくれましたね」

鯤に逡巡できない梅は、橘太郎を膝元へ引き寄せた。橘太郎は数え年で五歳だが、母が常ならぬ様態だと察している。顔はこわばったままである。

二歳の時に勇払に来た橘太郎は、四度目の蝦夷の夏を迎えている。

「あなたの喜ぶ顔は、宝物でしたよ」

橘太郎は感動を見つけるたびに梅の袖を引き、「見て見て！」「ほらあそこに！」「ほらここに！」と指さして、色や音や香り、風の変化で季節を教えてくれた。

春の足音は雪の下にこもる黄色い福寿草で、夏は木々に実る果の膨らみで教えてくれた。秋はススキの葉に止まる赤いトンボで、冬は飛び交う白い綿虫で教えてくれた。鳥の声や木の葉の色、雲の形や風の臭いなど、季節の節目になると「見て見て！」と目を輝かせていた。

もうしっかりと、蝦夷の季節を体で憶えるまでに育っていた。

橘太郎の目が一番輝いたのは、産まれたての鯤に対面した時である。真っ赤な頬に目を瞬《しばた》かせ、大きな泣き声には体をふるわせ、腕の柔らかさに驚いて手を引っ込めるなど、妹という全く未知のものに出会った喜びと驚きを五感の全てを使って表現していた。

梅の手伝いもよくしてくれた。

浜に行っては両手いっぱいに薪《まき》を抱え、川に行っては桶いっぱいに水を満たし、野山に入っては両手いっぱいに山菜を採ってくれた。

薪は抱えた隙間からポロポロと抜け落ち、水は揺れる桶からジャブジャブとこぼれ、山菜には謎のものが紛れるなど幾多の失敗もあったが、言葉や仕草に日々の成長が見えていた。

「私を助けてくれてありがとう。鯤の面倒もみてくれてありがとう。これからも兄として鯤を守ってくださいね」

橘太郎は首をぎこちなく縦に振った。梅の意図を理解したようである。声を出さず、目が潤んでいるのはその先を予感したからであろう。

ふと梅の意識が遠のく。　　　　　　　　……❛❛釣瓶が浮き、石が下がる❜❜

気が戻ると、梅は改めて身を正し、祐助に対座する。

祐助は梅に床に伏すように勧めたが、梅は正座し三つ指をついて身を曲げた。

「幼い二人を残して先立つ不忠を…どうかお許しください」

祐助は、覚悟はしていてもその言葉に血の気が失せるのを感じた。

「父には、〝身を賭して祐助様にお仕えし、添い遂げよ〟と言われておりましたのに、それも果たせず、重ねて不忠の誹《そし》りを受けますが、どうかお許し下さい」

梅の体が震えてきた。残っている生気は間もなくだと教えているが、まだ三つ指をついている。

「祐助様が蝦夷の蓋《ふた》を開けている…そのお姿を、今日は知恵の神様…昨日は力持ちの神様……踊りの神様に…重ねておりました……御武運を……お祈りしております…」

力によらずに蝦夷の蓋を開けて欲しいと願う心が、もう一言を添えた。

梅は急に崩れた。「全てを語り尽した」と思ったからである。

祐助の手を受けて床に伏すと、子を残す母親の姿になる。

「鯤…元気に…元気に……橘太郎…仲良く…仲良く…」

首を傾げて二人を追い、同じ言葉を繰り返す。声はかすれ、うつろになっても口元が動く。

「…二人を…二人を……」

途切れた言葉の代わりに、哀願の目が祐助を追う。

　　祐助が霞む　　　　　　　……❝釣瓶《つるべ》が浮く❞
　　耳元を風が触る　　　　……❝釣瓶《つるべ》が揺れる❞
　　閉じる瞼《まぶた》に逆らう　……❝釣瓶《つるべ》が止まる❞
　　力尽きる　　　　　　　……❝釣瓶《つるべ》が弾ける❞

枕辺には、白い産着を羽織《はお》った鯤がいた。

享和三年五月二十二日、西暦では一八〇三年七月十日のこと。

今年命を授かった仔鹿や幼鳥《ことり》、稚魚《こざかな》たちが夏を謳歌する頃、黄泉の国の入り口では、幼い〝命の秤〟たちが戯《たわむ》れている。その間を一条の火の帯が駆け抜けた。

祐助は、この五月に建立されたばかりの勇武津不動の前に跪《ひざまず》き、慟哭《どうこく》している。乱れの心と常《つね》の心を、何度も何度も、交叉させる姿にも見える。

鯤は初めての夏を迎えている。

蝉の声が競う平取《びらとり》の義経神社に、三人の姿があった。

解説四〈生《いのち》をつなぐ〉参照

(四) 梅の蛍火 ……234
(五) 平時と乱時の不動明王 ……237
(六) 祐助の蛍火 ………241

第二部　解説編

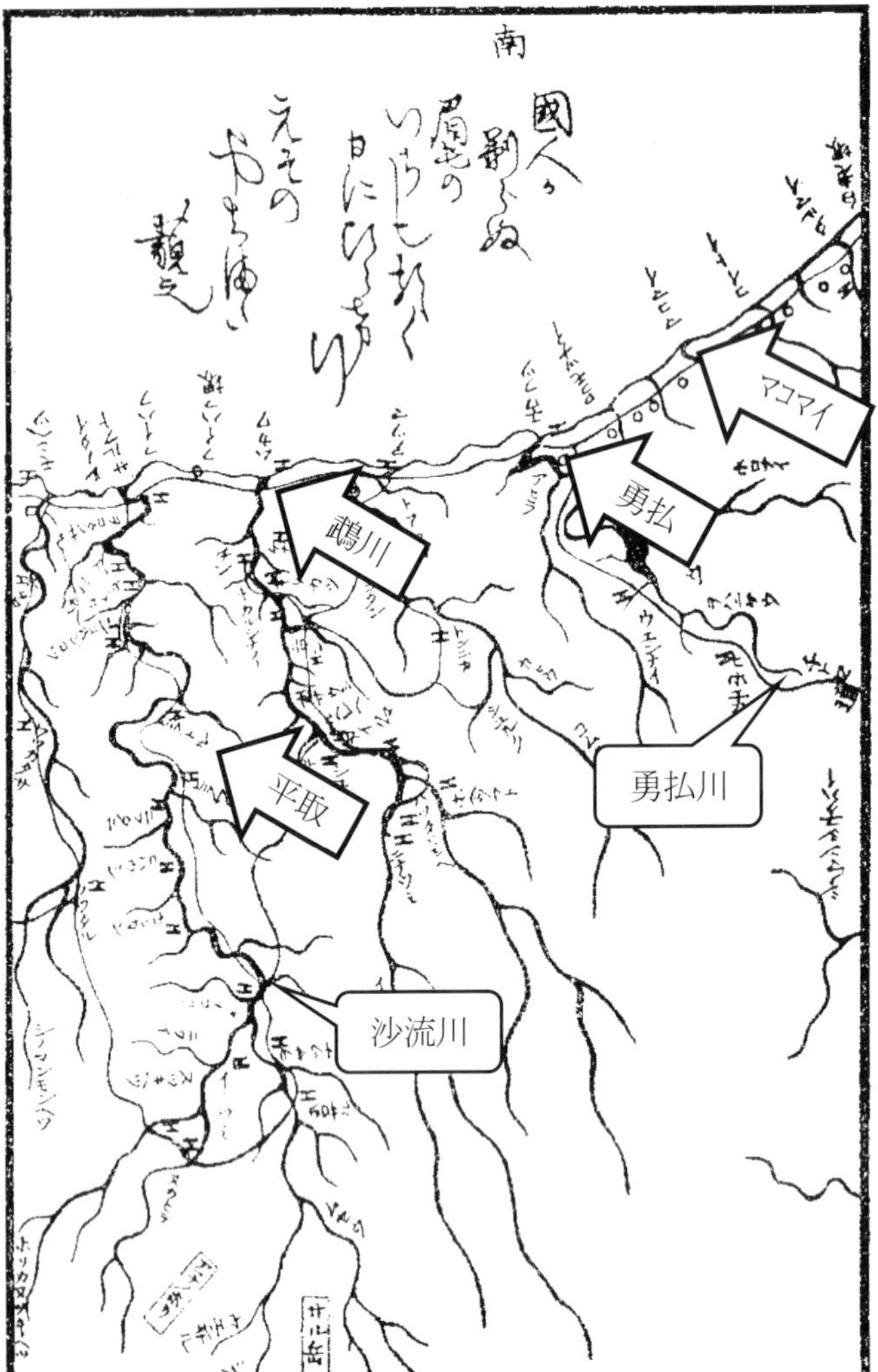

勇払周辺図（1840 年代　弘化～嘉永）
松浦武四郎筆（＊44）

解説一〈錦の御旗〉

梅が蝦夷へ行く流れを追う。

接近するロシアに備えて蝦夷統治を図ろうとする幕府。その蝦夷への流れを引き寄せた千人頭の夢の潮目に、祐助と梅が身を置いていた。

(一) ロシアの足音

十八世紀、世界は日本の北方領域を〝最後の未知の領域〟と呼んでいた。

オランダの探検家フリースが一六四三年、蝦夷本島を経て得撫《うるっぷ》島に上陸したが、深い霧と荒波がその先の世界を封印していたからである(＊53)。

ところが、ヨーロッパの北に位置するロシアが、富士山宝永噴火の前年の一七〇六年、カムチャツカ半島の南端に到達している。

ロシアが〝最後の未知の領域〟に顔を出したのである。当時としては、世界地理を知り、探検を目指す者の常識を嘲《あざわら》笑う偉業である。

しかし、その歴史をみれば、〝強と弱〟のバランスの結果であり、当然の帰結なのかもしれぬ。

さてこのロシア、九千㌔を経て日本にその足音が響くまでをたどってみる。

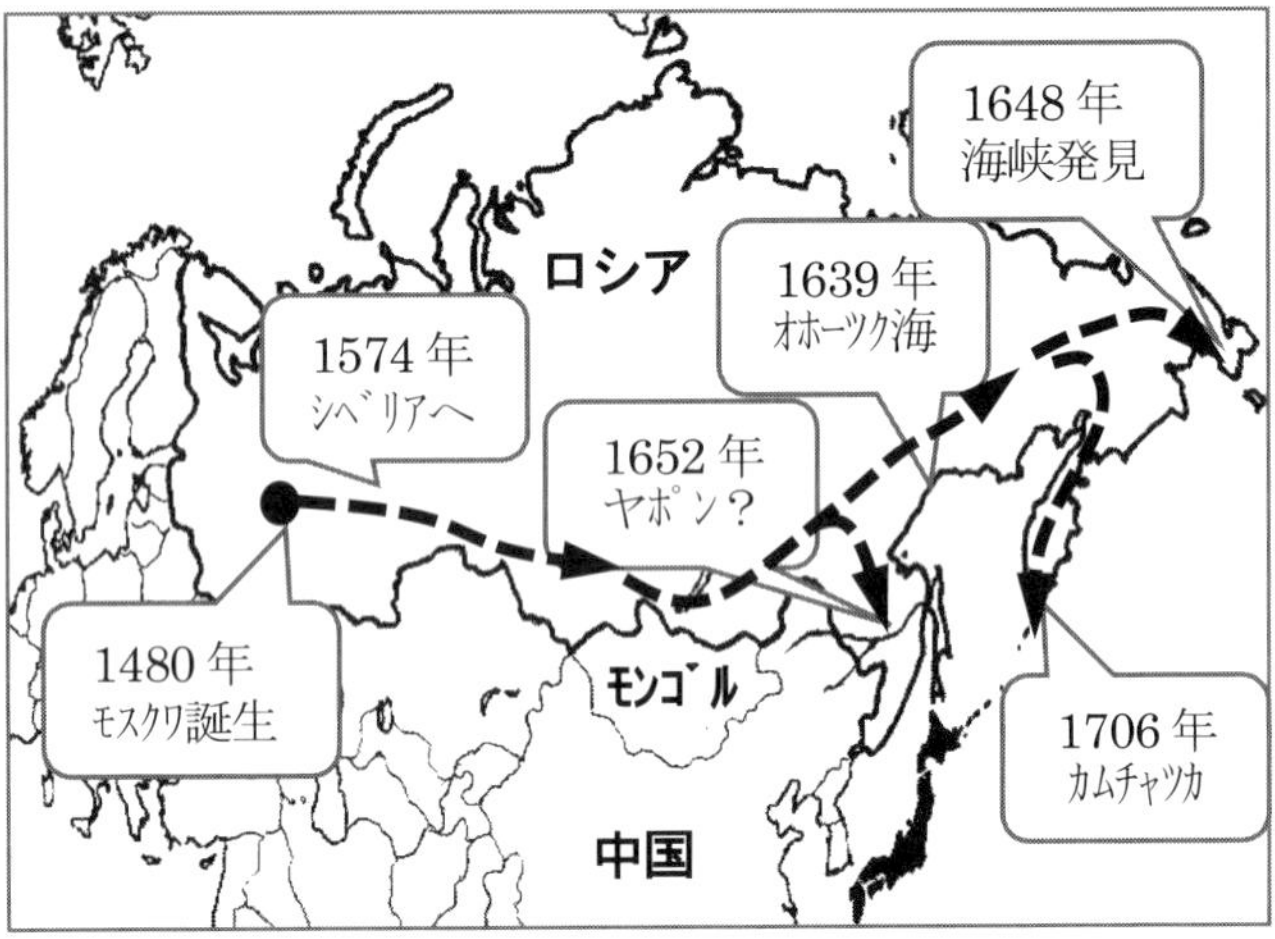

図1　オロシアのシベリア進出

かつては、水にさまよう浮き草だった

ロシア史に初めて目を通して、正直驚いた。

アメリカに伍し、強大な軍事力を誇った共産党独裁国家の祖先は、十六世紀まで浮き草であったとは…。

〝ロシア人によるロシア人のためのロシア国家〟誕生までの道のりは長かった。

ロシア平原に暮らす人々は、古来、モンゴルなどアジア系遊牧民から度々攻撃を受け、長く国を持てなかった。

〝ロシア人による国家〟の原形は、一四八〇年のモスクワ公国とされる。百年後、新生ロシアは領地拡大に動き出す。西はオランダなど列強揃い。このため低みへ流れる水のように東を目指し、無防備なシベリアを征服してカムチャツカの南端に顔を出したのである（図1・*54 *55）。

その根拠を仙台藩医工藤平助が述べている。

シベリアが中華支配であった頃、大盗賊に攻められたシベリア万民は、ついに助けをオロシアに求めた。オロシアは大軍を出して賊を鎮圧し、法を改め政治を正し、上下の人々を慰問して兵を引き上げる。このためシベリア万民は、オロシアの徳を慕い、悉《ことごと》く服従した。オロシアの国土拡張策はみなこの類である(＊56)。

高度な文化を持つ日本を知る

ロシアが初めて日本を知ったのは、一六五二年、コザック隊が樺太海峡に注ぐアムール川を探検している時である（図1）。「海に浮かぶ謎の島　ヤポン」とでも聞いたのであろう。

その後、強烈な印象を与えた男がいる。

一六九七年、カムチャツカ半島に漂着した大阪商人の伝兵衛である。「ギリシア人そっくりで、髪は黒く礼儀正しく理知的だ」と評された。彼に興味をもったピョートル一世（一六七二～一七二五年）は、伝兵衛に接見すると、エンド（江戸）やオザカ（大阪）という豊かで高度な文化を有する国があるのを知った(＊40)。

これ以降、ロシア皇帝の〝エンド〟への興味は膨らみ、一七一一年（正徳元年）、謎の島国ヤポンを目指す探検が始まる。

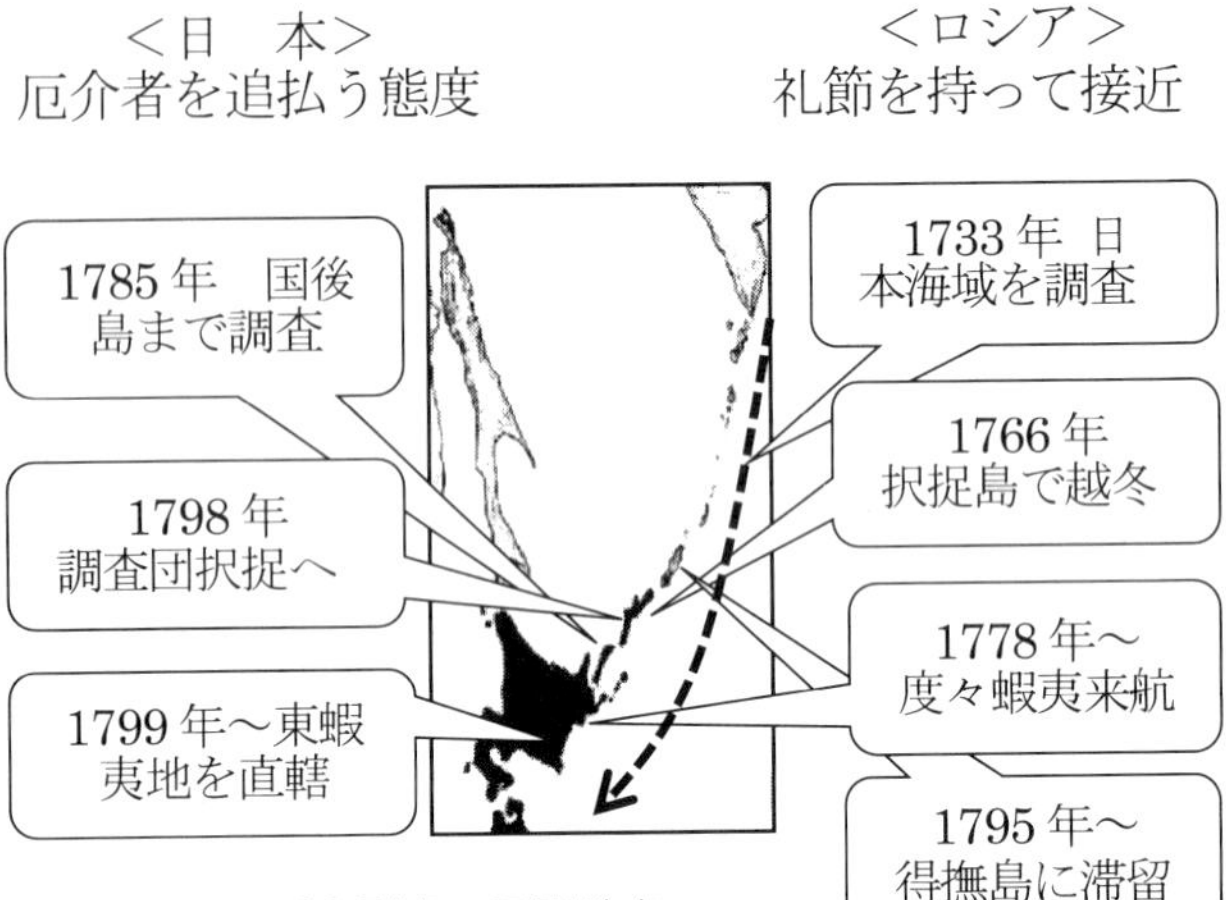

図2　千島列島の日露外交

礼節を持って日本に接近する

ロシアが千島列島を本格的に調査したのは、一七三三年である。すると千島列島は二十一の島から成り、十九番目の得撫《うるっぷ》島までは無国籍だが、二十番目の択捉《えとろふ》島はグレーゾーン、二十一番目の国後《くなしり》島は日本の領土だと知る。

一七三八年、陸前・安房・伊豆まで調査したシュパンベルグは、「交易態度が合理的で見識も高く、交換した金も良質で、高い文化と経済を持つ統制された国だ」と報告している。伝兵衛の評価を裏付けている。

これを聞いたロシア皇帝は、日本とは友好的かつ慎重に交渉すべきと指示した。その一環が漂着した日本人による日本語学校の開設である。

準備が整うと動き出した。一七七八〜九年、厚岸、根室、箱館に通商を求めて来航する（図2）。

ロシアの友好的外交が始まる。

ところが日本、邪険に追い払った

日本でロシア情報を最初に得たのは、松前藩の湊覚之進とされる（＊53）。宝暦九年（一七五九）、彼が厚岸《あっけし》に赴任中、択捉島や国後島の首長から聞いていたが、幕府はこの事実を知らない。

一七七八年以降、度々来航するロシア使節に、松前藩は「長崎以外の交易は国禁」として、ことごとく拒否し追い払った。幕府にはもちろん内緒である。

しかし、隠し事は『赤蝦夷風説考』（＊56）を経て、幕府の知るところとなる。

一向に埒のあかない交渉に、ロシアも手段を変えてきた。一七九二年、女帝エカテリーナは、十年前に遭難した大黒屋光太夫ら三人の漂着民を土産に、アダム・ラックスマンを使者として派遣してきた。

今度は幕府が対応する。しかし翌年、目付石川忠房（後の蝦夷地取締御用掛）を松前に派遣してラックスマンと会見するが、漂着民を受け取っても親善の国書を拒否し、通商も拒絶している。

再三の拒絶にもかかわらず、ロシアは何とか道筋をつけようと、机の下から手紙を渡すような外交に徹していたのである。

㈡　無法地帯

カムチャツカ半島と蝦夷本島の間には、二十余の島々が弧を描く雫のように連なる（図3）。

『休明光記』には、その千島列島の語源が記されている。

蝦夷の地は…カラフト嶋、クナジリ嶋、エトロフ嶋、ウルップ嶋等をはじめとし、有名無名大小の嶋々数を知らず。世に蝦夷が千嶋というはこれなり(＊4)。

千島と蝦夷は、家康の代から幕府統治外の扱いだが、蝦夷本島の西南端に松前藩が小城を構えていた。米を作れないので、規模を石高では表せないが、交易高から一万石ほどである。

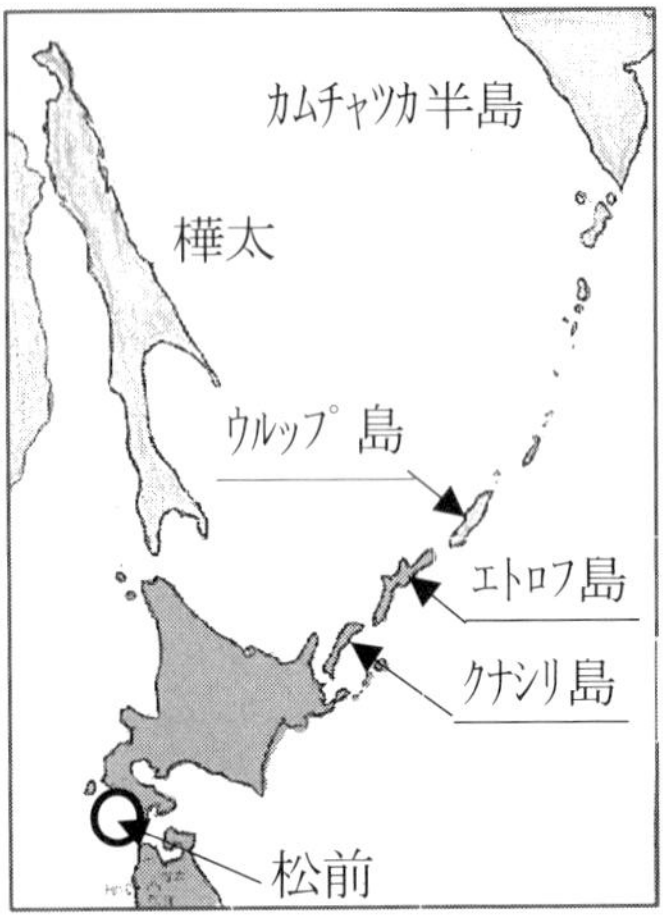

図３　蝦夷本島周辺図

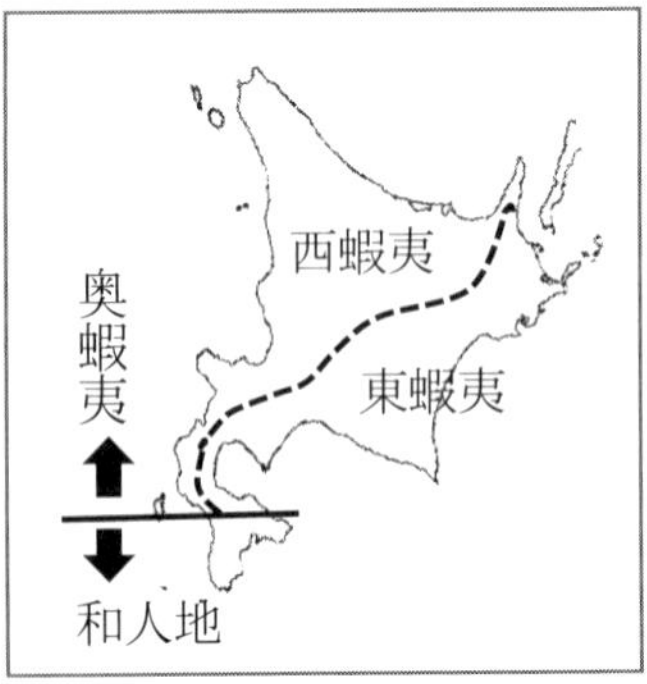

図４　蝦夷本島内の呼称

当時は、渡島《おしま》半島の南部を境に、南は和人が住む〝和人地〟、北はアイヌが住む〝奥蝦夷〟と呼び、その奥蝦夷の北半分を西蝦夷地、南半分を東蝦夷地と呼んでいた（図4）。

その奥蝦夷や千島列島について、松前藩は情報を隠し、幕府が入るのを拒み続けていた。

ところが、この無垢ともいえる千島列島に、ロシアの足音が聞こえてきた。

ロシアは、カムチャツカ半島を経て千島列島を南下して来たのである。

島民の心を十字架で誘い、武器で威嚇しながら次々と島を領有化し、一七六六年には蝦夷本島目前の択捉島《えとろふ》に上陸した。

幕府がロシアの動きを知ったのは、天明三年（一七八三）とされる。

時の老中田沼意次は、仙台藩医工藤平助が著した『赤蝦夷風説考』により、天明五年に蝦夷へ調査団を派遣した。しかし、意次の失脚で調査は頓挫する。

それでも幕府は、蝦夷に興味はなかった

寛政元年（一七八九）、国後島《くなしり》と根室《ねむろ》地方で起こった〝クナシリ・メナシ蜂起〟（解説二四参照）を、ロシアが扇動しているという説もあったが、それでも、寛政期（一七八九〜一八〇〇）初頭まで、幕府は蝦夷を幕藩体制外の扱いとしていたのである。

その事例がある。

元和四年（一六一八）、松前藩主は幕府の禁教令を犯して松前に入った宣教師アンジェリウスに

こう伝えている。

パードレが松前にみえる事はダイジモナイ（問題ない）。何故なら天下がパードレを日本から追放したが、松前は日本ではない（アンジュリウスの報告）（＊57）。

更に寛政四年（一七九二）、アダム・ラックスマンが根室に来航したという報告に、老中松平定信は次のように指示している。

ネムロ（根室）にて御下知を待つというが、（蝦夷は）日本地にあらざれば、追い払うべき事もなき（魯西亜人取扱手留）（＊57）。

幕府は、松前藩を通じて蝦夷を認識していても、米も採れず島の形や人の数も分からずでは魅力などなく、政治的に統治外と曖昧に扱っていたのである。

蝦夷は、びっくりするほどの無法地帯

ところが幕府は、ロシア人の得撫島《うるっぷ》越冬やイギリス船のたびたびの蝦夷来航の報に接し、もはや看過もできず、寛政十年（一七九八）、急遽百八十人余の大規模調査団を蝦夷へ派遣した。

するとあまりの無法さに仰天する。『休明光記』にその様子が記されている。

松前家小身にて広大な土地を制御できず、場所を割付けて町人に預け、これを請負《うけおい》と名付け、運上（税金）をとり収納とする。（藩が）年々この運上の取り増しを促すので、場所請負の姦商《かんしょう》どもは、先ず己の利潤をはかり、その余りをもって運上の増を出そうとして、蝦夷人との交易で酒や米、煙草その他諸品に至るまで升目《ます》を掠《かす》め、秤《はかり》目を狂わせ、あるいは腐れ損じた品を渡すなど、ありとあらゆる非議を行う。このため蝦夷人は次第に衰微し、松前家の苛政を恨む事、既に久し(＊4)。

松前藩に統治能力はなく、商人は非議横暴を繰り返していた。既に蝦夷人の心は離れ、家には禁制破りの十字架もあったという。ロシアはその間隙を縫うように人心を操っていたのである。

蝦夷の統治を即断

幕府は、蝦夷の調査報告を聞くや否や、一刻の猶予も許せぬと蝦夷統治を即断する。

寛政十一年一月、松前藩から東蝦夷地を仮直轄すると、書院番頭《ばんがしら》松平信濃守忠明《ただあきら》、勘定奉行石川左近忠房《ただふさ》、目付《めつけ》羽太正養《はぶとまさやす》、使番《つかいばん》大河内正寿《まさこと》、勘定吟味役三橋藤右衛門成方《なりみち》の五有司に蝦夷地取締役御用掛を命じた。

この錚々《そうそう》たる旗本トップのメンバーを思えば、それだけ危機感が強く、蝦夷開国の本気度が高かったといえる。

「百年の後は蝦夷地一円悉《ことごと》く本邦の如く」を旗印に、インフラ（社会基盤）を構築して、法治の国を造るために動き出した。

各地に行政地を構築し、それを拠点に正常な交易と領土の保全を進めながら、アイヌの信頼を取り戻して風俗教化を進めようとしたのである。

この組織のもと、近藤重蔵や最上徳内、高橋次太夫など七十人余の幕吏は、道造り、場所受取り、交易など十の掛《かかり》に分かれて一斉に動き出した。

最初の大仕事は、行政拠点となる会所の設立である。

場所毎に悉《ことごと》く官吏をおいて、これを点検せしめ、かの方より出すところの産物の扱いを悉《ことごと》く改めて、いささかも悪しき品を渡さず、升目秤目等を厳にして些少の不正も施さざるよう、官吏ども厚く心を用いてこれを行い…五里十里に一屋の官舎を設けて常には交易の事を行い、旅人のある時は旅宿とし…網の他漁具をあまたの官舎に置き、これを夷人に貸して漁をせしめ…病者ある時は本邦より医師をあまた雇い、場所へ配りおき…（＊4）。

会所の機能は、役場の行政機能に加え、交易、宿場、医療、さらにアイヌの教導機能を果たすもので、東蝦夷地に二十余ヶ所を開設する。

ただ、この旗印には、〝（農地）開拓〟の文字はない。

㈢　千人頭の夢

この流れを引き寄せようとする者が、千人頭《せんにんがしら》の原半左衛門胤敦《たねあつ》らである。

原半左衛門は、幕府の政策に〝開拓〟の文字がないのを知り、千載一遇の好機と捉えた。同年三月、「開拓は半士半農の我らが適任！」と、上役の槍奉行を通し老中に願書《ねがいしょ》を提出する。

武州八王子は辺土にて、かの地住居の同心、日来《ひごろ》耕作に馴れたるゆえ、その子弟厄介者百人ほどを蝦夷地へ召し具し、しかるべき土地において耕耘《こううん》の道を開かせ、即ち彼らをして農兵たらしめれば一つの警衛たらむよし(＊4)

八王子千人同心の歴史

その八王子千人同心、まずは歴史を手繰ってみる。

千人同心の始祖は、甲斐国《かいのくに》（山梨県）武田信玄の配下にあった。

武田家が滅亡して、徳川家康の配下となり、天正十八年（一五九〇）、小田原北条氏の支城である八王子城が落城すると、始祖は甲州境の警備のため八王子へ移る。

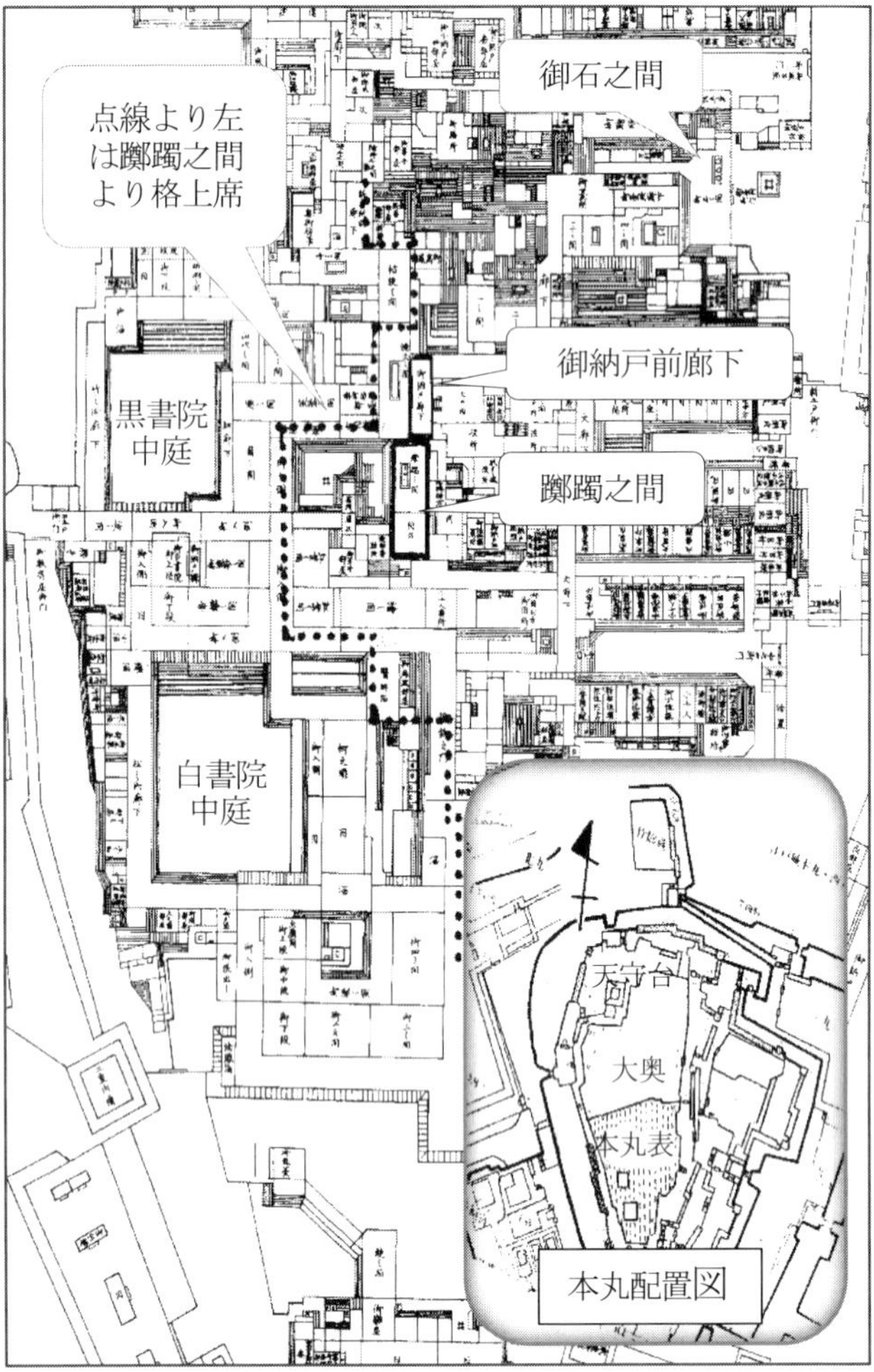

図5 江戸城本丸表の詰席図（＊58）

八王子千人同心の名は、慶長五年（一六〇〇）、関ヶ原の役を契機に、時の代官大久保長安が警備強化のために総勢千人に編成したのが始まりとされる。

それ以降、将軍家の日光社参への供奉《ぐぶ》や、日光火消し役などを命ぜられるなど、ますます重きをなし、将軍家に御目見えできる旗本となる。

江戸城本丸表には、大名や旗本など身分に応じて詰める部屋がある。千人頭は躑躅《つつじ》之間（図5）を得る身分となった。

ところが明暦三年（一六五七）、千人頭の石坂勘兵衛は何かの間違いで格上部屋に入ってしまう。この〝不入りの詰席一件〟で御納戸前《おなんどまえ》廊下（図5）へ格下げされた。たかだか壁一枚の北隣なのだが…。

（註：同年一月十七日、明暦大火により江戸城の天守閣が炎上し、本丸は大混乱している。これが原因か否かは不明）

ところで、天明七年の江戸城の詰席では、幕閣や旗本などの諸役人席が二十四席ある（＊58）。それによると、躑躅《つつじ》之間は十二番目だが、御納戸前《おなんどまえ》廊下はどん尻に近い二十一番目である。〝物置の前の廊下〟の如き響きをもち、〝間〟つかずの部屋へ格下げとなったのである（図6）。

さらに、礼服もいつの頃からか、素袍《すおう》から熨斗目《のしめ》 裃《かみしも》 へ変わっていった。詰席や礼服の格下げは家格の低下を意味する。

1.溜之間　（城代）	13.同東襖際（大番組頭…）
2.雁之間　（高家）	14.同敷居外（屋敷改…）
3.菊之間　（大番頭）	15.紅葉之間（小姓組…）
4.南之方襖際（使番…）	16.虎之間　（書院番…）
5.同所敷居之外（槍奉行…）	17.土圭之間（新番…）
6.芙蓉之間　（寺社奉行…）	18.檜之間　（小十人組…）
7.同所縁頬　（遠国奉行…）	19.医師之間（寄合医師）
8.山吹之間　（中奥小姓…）	20.焼火之間（納戸頭…）
9.蓮花之間　（法印医師）	**21.御納戸前廊下（千人頭…）**
10.中之間　（勘定吟味役…）	22.台所廊下（御目付組頭）
11.桔梗之間（新番組頭…）	23.同下之方（中間頭…）
12.躑躅之間（弓頭…）	24.玄関　（徒組頭…）

図6　本丸表の諸役人の詰席順位（天明7年）

旗本として将軍に御目見えできるとはいえ、家格の低下で、通御《つうぎょ》の礼（将軍がたまたま通りがかった時だけの謁見）しかできぬ身分となる。

寛政十年の『千人頭月番日記』に、元席復帰を望む千人頭の記録がある。

> お宮参り（日光東照宮の参拝）や御供の節、いつの頃からか熨斗目《のしめ》麻裃《あさかみしも》を着用しているが、千人頭一同心痛している。
> 叶うならお宮拝礼の節は素袍《すおう》を着て、元旦に御石之間（（図5）で御神酒を頂戴したいもの。
> （中略）無冠の面々や我ら次席の大工頭、御作事下奉行らも素袍《すおう》を着用する身。
> 我らも礼服を改めたいとこの夏より手を尽くしている（＊59）。

奇しくも、幕府が蝦夷の開国を決めた年である。

夢をかなえるために

原半左衛門ら千人頭は、「蝦夷に貢献すれば元席復帰が叶えられるかも…」と、蝦夷行役に積極的にアピールしたのである。

その結果、寛政十一年には霊岸《れいがん》島取扱所の御用掛に八人が関わるようになる。

また、原半左衛門の願書を吟味した五有司は、一年弱をかけ、「蝦夷の地は農業も養蚕《ようさん》も可能であり、農業の心得ある同心子弟の入植は時宜に適したもの」と結論した。

蝦夷の開国政策に、もともと農地開拓の計画はないが、五有司の長い議論は〝開拓を試し〟として認可したのであろう。

寛政十二年、百人の千人同心子弟は幕府の給金付蝦夷開拓団として認められた。

> 原半左衛門願いの通り、組同心の子弟等を召し具し蝦夷地へ相越し御用勤むべきのよし。寛政十二年正月十四日命ぜられる。…その子弟厄介等百人ほど、蝦夷地へ召し具し、しかるべき土地に於いて耕耘《こううん》の道を開かせ、即ち彼らをして農兵たらしめれば、一つの警衛たらむよし…。（ところが幕府の決定は）半左衛門はシラヌカ、新助はユウブツを持ち場として手付五十ずつ引き分け、鉄砲二十五挺ずつ備え、警衛を主とし兼ねて耕作を営む…（＊４）。

即ち、原半左衛門と幕府の見解は微妙に異なっている。

原半左衛門は「耕耘《こううん》の道を開かせ、農兵とすれば警衛にもなる」と請願している。一方、幕府は「警衛を主とし、兼ねて耕作を営む」と、〃耕耘《こううん》〃と〃警衛〃の主客を逆転している。これにより、千人同心隊の任務は、治安を含むインフラ（社会基盤）構築が主となり、開拓は二の次となる。

これが後に、ボタンの掛け違いとなる。

千人同心隊は、幕府指定の勇払場所と白糠《しらぬか》場所に派遣された。

当時、蝦夷には請負場所は五十数ケ所あったが、そのうち勇払場所には十六ヶ所あったとされる。即ち、勇払は全島の三割の交易を占めていたので、交易規模は大きく、また日本海へ抜ける北ルートと択捉島を目指す東ルートの分岐点なので、重要な交通の要衝でもあった。

一方、白糠場所は交易・交通拠点など、勇払ほどには見えにくく、幕府がここを選定した理由は定かではない。

この繋がりの一端に河西祐助がいる

この時、家族を帯同して現地に駐在する〃在住〃という職務が新設されている。蝦夷の統治に熱意を持つ一人の申し出による。

御先手《おさきて》青山三右衛門組同心井上忠右衛門（後下役となり喜右衛門と改む）、願いの通り家族召し連れ蝦夷地在住の事、寛政十二年二月二十八日に仰せつけられる。

これ、在住の始まりなり。これにより御目見《おめみえ》以上以下、御譜代御抱入の差別なく追々在住仰せつけられ…（＊4）。


祐助は寛政九年、二十六歳の時に湯島聖堂で学問吟味を受けている。

湯島聖堂の教えは儒教である。儒教は、「仁、義、礼、智、信」の五常の徳に加え、主君に尽くす〝忠〟と親に従う〝孝〟を合わせた七つの徳を諭す。中国では親への孝を、日本では主君への忠を重きとしている（＊60）。

祐助が千人頭から「蝦夷地行役に適任ゆえ、在住に志願しては？」と推挙されれば、親への孝より主君への忠を選んだのは当然といえる。

そしてまた、迫るオロシアから蝦夷を守り、先住者に日本の誇りを諭し、未開の地の開国を進めようとする幕府の政策に、熱い気持ちを抱いたはずである。

実弟所左衛門の養父塩野周蔵光迪《みつのぶ》（名を鶏沢《けいたく》）が祐助へ送った檄文がある。

祐助を、中国の後漢（紀元二十五〜二百二十年）の時代、文官を捨てて武人となり、都を捨てて西域に赴いた斑超《はんちょう》に喩《たと》えている。

少し長文だが、祐助の人物像を語る唯一の史料なので部分的に引用する。

今、祐助殿は斑超《はんちょう》の役になろうとしている。蝦夷を治める志は堅く、その健は決して凡人の及ぶところにあらず、まさに大丈夫《だいじょうふ》（立派な男子）の域にある。

（蝦夷の）境を問えば異域、路を問えば三千里、帰路を問えばおおむね六年なりと。ある者が「父母ありせば、子遠遊せず」の孔子の言葉で問うと、「父母の国を去りて、海外に遠遊する」と答える。

兄弟親戚と別れ、親を養わずに遠遊するのを誰が美というだろうか。あえて聞くが、幽谷《ゆうこく》（低み）を出て喬木《きょうぼく》（高み）に還る者はあるが、喬木《きょうぼく》を下りて幽谷《ゆうこく》に入る者など、未だ聞いた事はない。

されど祐助殿を見るに、言は忠信、行は篤敬《とくけい》、すこぶる学芸を好みて才略あり。祐助殿、行きてこれを勉めよ。斑氏の功業請い願うべきなり。晝錦《ちゅうきん》（錦を飾る事）の栄、日ならずして之を見んかな。鶏沢老父、刮目《かつもく》（注視）して待たん（＊10）。

鶏沢《けいたく》の葛藤と期待が、勧進帳を読み上げる迫力で伝わるが、身内では相当議論が交わされた様子が見て取れる。

出立の時に祐助が残した詩がある（＊1）。

萬里離群玉水湄　…万里、玉水《ぎょくすい》の湄《ほとり》の群れを離れ
遠携妻子赴蝦夷　…遠く妻子を携《たずさ》え　蝦夷へ赴く
壮心何厭刀頭挽　…壮心《そうしん》何ぞ厭《いと》わん　刀頭《とうとう》の挽《ひ》きを
難遇休明開国時　…遇《あ》い難し　休明《きゅうめい》開国の時

玉水《ぎょくすい》：美しい水（故郷）
刀頭《とうとう》：刀の尖端（先陣に立つ）
休明：立派で明らか（大義名分のある）

玉水《ぎょくすい》の郷を離れても、蝦夷の開国に遭遇できる喜びに心昂ぶる様子が見て取れる。ただ、その文言には、周囲の葛藤が垣間見える。

梅もその連鎖の中にいる

滅多に遭遇できない大仕事に関わる喜びを、目を輝かして語る祐助を信じて、梅もまた心を同じにしたであろう。

もっとも、梅も千人同心組頭の娘である。幼い頃には「花よ…蝶よ…」と育てられ、母親から読み聞かされた御伽草子で、武家の妻の心得を身につけていたはずである。例え万里を離れた幽谷の地であれ、街の噂に動じぬ心が蝦夷へつながる。

ところで鶏沢がいう、斑超《はんちょう》と祐助の接点はわずかばかりだが見えなくもない。

斑超《はんちょう》が西域へ赴く二十年前の紀元五十七年、後漢の光武帝が倭の国王の使者へ金印を与えてい

る(＊61)。その金印が千七百年の時を経て、天明四年（一七八四）に福岡の志賀島で発見されている。祐助が蝦夷へ赴く十六年前である。

この二片の歴史を重ねるのはいかにも無理筋だが、〝国を造る志〟が金印を通して、斑超と祐助をつなげた…と思うのも歴史をながめるロマンでもある。

解説二〈蝦夷への道〉

梅の道中記録はもちろんない。

そこで、寛政十～十一年にかけ、蝦夷地調査団に加わった谷元旦の『蝦夷蓋開日記』（＊8）と、木村謙次の『蝦夷日記』（＊14）を基にし、梅より半世紀後に蝦夷へ向かった秋山幸太郎の妻はとの手紙（＊2）や、明治十一年（一八七八）に来日したイサベラ・バードの紀行書（＊22）などを加味して、梅の道中記とした。

(一) 大名並みの道中

梅より半世紀後に蝦夷へ渡った八王子千人同心隊がいる。

安政五年（一八五八）、二十九人の千人同心隊は家族を帯同して、蝦夷開拓に向かった。身分は家族帯同の〝在住〟という幕府役人である。

その一人秋山幸太郎の妻はとが、親元へ旅の徒然《つれづれ》を書き送った手紙がある。

はとは、栗橋関所で女の旅の厳しさを知るが、その後の道中の村々では驚くほど丁重な扱いに、「道中を一緒にした者と、夜を笑い明かした」と書き送っている。

はとは、後にその訳を知る。

江戸から地方に移住する幕府役人は、道中、権威を笠に威張り散らし、村の役人や旅籠の亭主に酒代や賂《まいない》をねだる風習があった。このため役人による強請《ゆす》りまがいが横行し、地方の村役人は後難を恐れ、幕府役人を丁重に扱ったからである(*2)。

これを裏付ける史料がある。

梅より一年前の寛政十一年、書院番頭《ばんがしら》松平忠明が蝦夷へ向かう道中記がある。幕閣に対する地方役人の気遣いは、半端ではない。梅たち以上の接待である。

道中、二人の露払いが先ぶれを出しながら往来の武士や平人達を平伏させて進む。

利根川を渡る栗橋の渡し船は、船の内外ともに朱塗りを施し、御座の間に張り天井の櫓《やぐら》つき。その上、舳《へさき》に紫の絹布を巻いた八挺の船を用意する。

宇都宮など道中の藩では、国境に羽織袴を着た使者や宿役人が出迎える。

仙台藩や盛岡藩、津軽藩の大藩では、医者や足軽も出迎え、山里の橋や道を繕い、御本陣、御湯殿、御雪隠《せっちん》、御小便処とも真新しい檜《ひのき》。

御風呂は新しく作り変え、御座敷の畳は残らず取り替える。

三厩《みんまや》から松前への渡海には、新造した七百石積船の常盤丸を使う…等々(*62)。

書院番頭は、今流に言えば省庁の事務次官クラスである。仙台藩や盛岡藩の大藩の気の使いようを思えば、地方の役人の苦労はただごとではない。事と次第では御家断絶にもなりかねぬ。

梅ははとより半世紀も前になるが、待遇は同じであったと容易に推測できる。それにしても、役人に対する過度の気配りは、今の世でも変わるまい。

(二) 陸の終わりと陸の始まり

奥州街道が終わる三厩《みんまや》と、蝦夷が始まる松前の事情を紹介する。

三厩《みんまや》事情

三厩《みんまや》という地を知る者は、そう多くはいるまい。

しかし、佐々木文武さんの『三厩漁港のみなと文化』(*20)に接し、三厩にある濃《こま》やかな伝説と渡海を託す奇岩が、蝦夷と本州をつなぐ歴史の名脇役を演じていたと知る。

一つは小説編二章（2）で紹介した〈雁風呂伝説〉であり、もう一つは渡海する者を加護する厩石《まやいし》（図7）である。往来する人たちはその力に守られていたのである。

図７ 厩石（三厩石　寛政11年筆）　（＊19）

その厩石《まやいし》には、義経を蝦夷へ送ったという伝説が残る。

源義経は衣川の戦いで敗れて蝦夷をめざし、三厩辺りにたどり着いた。

海が荒れて渡る事ができないので、持っていた観音像を海岸沿いの厩石《まやいし》に置き、三日三晩祈願した。するとまた白髪の翁が現れ、義経に三匹の竜馬を与えてくれた。

義経は観音像を厩石に安置し、この竜馬に乗って海を渡ったという(＊20)。

文治元年（一一八九）、源頼朝に敗れた奥州藤原泰衡《やすひら》の敗残兵は、下北半島の田名部《たなべ》から蝦夷へ渡ったとされるが、一部は三厩から蝦夷へ渡ったのだろう。

厩石《まやいし》には、義経を支えた藤原氏と、加護を竜馬に託した村人の思いが重なる。

建保四年（一二一六）以降、鎌倉幕府は都にはびこる罪人を数度にわたり蝦夷ヶ島へ島流ししている。流刑人たちはこの巨岩を目にし、「必ず戻って来る」と自ら鼓舞して、渡ったのであろう。

寛政十一年、ここを通った谷元旦が厩石《まやいし》の大きさを記録している。

観音山下の岩を見るに大岩なり。
高さ廿四五丈（七十五㍍）、穴四つ、横の広さ十七八間（三十二㍍）（＊8）。

厩石《まやいし》は現在、WEBの写真などを見ると、陸につながり、そばを国道が通る。大きさは、およそ幅三十㍍高さ十五㍍と推測でき、その足元には大穴が三つある。

昔の絵図との違いは、崩落等によると思われるが、それでも山に寄り添い、海に屹然と対峙する姿は、今も昔も蝦夷渡りの守護神に相応しい。

三厩《みんまや》の由来は、義経伝説にちなみ、「義経三匹の竜馬」→「三馬屋」から転じたという。

江戸時代に入ると、松前と大坂を往来する北前船が寄港し、自然の良港として栄えた。参勤交代が始まると、松前藩はここに本陣を置き、百人余がお伴《とも》する大名行列が村を通る。

寛政期に入り、蝦夷に外国船が来航すると、ここは蝦夷統治の重要な交通の要衝となり、幕府役人をはじめ大勢が通っている。

往来する大名行列や幕府役人は、村を潤したであろう。

さらに風待ちが長引けば、村の潤いは半端ではなかったに違いない。

今、湊を見下ろす小高い丘には観音堂と竜馬山義経寺《ぎけいじ》がある。義経寺《ぎけいじ》には寛文七年（一六六七）に越前の僧円空が彫った円空仏があるとされ、言い伝えによれば、義経が置いたとされる観音像はその円空仏の胎内に納められているという。

湊の繁栄は昭和の時代まで続いたが、北海道と本州の動脈が青函連絡船や青函トンネルへと変わるにつれ、村には昔の静けさが戻ってきている。

佐々木さんは、今の三厩《みんまや》をこのように語っている。

三厩漁港が近代化に遅れをとっても、他にすぐれた景観づくりに動きがなくとも、雁風呂伝説を生んだ心がある限り、北の漁港として生きている(＊20)。

栄枯盛衰を見てきたからこそ誇れる、雁風呂伝説と厩石《まやいし》である。

松前事情

江戸を離れ、うら寂しい寒村に見慣れて来た者は、陸の終わる三厩の賑わいにも驚いたが、陸の始まる松前の街並みにはもっと驚いたであろう。「異境だ　幽谷だ」と蔑《さげす》んでいた者ならなおさら、江戸の風景に重ねて驚いたに違いない。

当時の松前の様子を『高倉新一郎著作集』から抜粋する。

松前の文化は、天明から寛政にかけて完熟期であった。この時代、町家と武家の区別なく藩士で商業を兼ねる者あり。（中略）藩の重臣は酒色におぼれ、碁や弦に遊興し、他の士族も娼家に出入りしていた。（中略）諸国を渡り歩く船頭や商人らが松前を支配する時、華美浮薄な風潮があったといえる。春に鯡《にしん》の大群が押し寄せれば、漁期ひと月で一年間を喰えた。（中略）町人の生活は江戸から行く人の目にも奢《しゃ》のように見えたものである。松前の家並みは美しく、賑わしさは目を見張るほどであった。（中略）富裕な町人は　家構えから服装まで京や大阪と変わりなく、調度品、塗り物は輪島や京物、陶器は唐津などの上等品、美術品を含め贅を尽くしていたという(＊63)。

町人は利益の多い漁業には従事するが、漁期以外は働かず、商人は知識や思慮を駆使して、地味な仕事より儲けの多い派手な仕事に精を出す。

武士は治世の役目を放棄し、遊興にふけるなど、総じて、商人が造った文化に慣れ親しみ、利を争い、卑猥の風潮にあった。

外見は、ミニ京都の雰囲気をかもしだすが、中身は奢侈《しゃし》に流れ、浮薄《ふはく》だったのである。

城下がこの体《てい》たらくであるから、藩政も商人文化に染まり、オロシア外交はおろか、非議横暴を繰り返す商人の取締りなど務まるはずはない。幕府の調査団がびっくりした根源は、この松前の風潮にあったといえる。

(三) 障子の穴からのぞく眼

梅たちが通る村々では、こんな声が飛び交ったであろう。

「江戸の武士の妻が来るとよ〜」

「奥蝦夷へ子連れで行くんだとよ〜」

和人女の住んでいない奥蝦夷へ、江戸の武士の妻が行くと聞けば、前代未聞の事件になる。どんな女かと、興味津々であったに違いない。

他国者《よそ》をみる民衆の目線は、英国人イサベラ・バードの紀行書に詳しい。


(泊まった宿で) 障子は穴だらけで、しばしば、どの穴にも人間の目があるのを見た…

絶えず眼を障子に押し付けているだけでなく、召使は非常に騒々しく粗暴で、何の弁解もなく私の部屋をのぞきにきた…。

(会津若松の近くで) 道中出会った男が「外人が来た」と大声で叫ぶと、目あきも目くらも、老人も若者も、着物を着た者、はだかの者も集まってくる。宿屋に着くと群衆がものすごい勢いで集まってくる。

(部屋の私を見ようと)大人は宿の屋根から、子供は柵にのぼり、その重みで柵を倒すと皆がどっと殺到してきた。

やむなく障子を閉めたが少しも心休まる暇はなかった(*22)。(註:原文のまま掲載)

彼女は日本情景の美しさを堪能し、村人の親切なもてなしに感動しているが、宿に入れば中庭まで押しかけ、宿を出れば村はずれまで追いかけてくる異常な好奇心に閉口している。

探検した他の国では、こんな状況に出会ったことはないとまで断じている。

青い目と赤い髪のイサベラ・バードと、江戸の武士の妻の梅は、周囲の目を引き付けるに充分だったはずである。

日本人の異常な性癖は、昔も今も変わってはいない。

(四) アイヌの蜂起(*64 *65 *66)

梅は、蝦夷に入るとアイヌの人たちに出会っている。多くはオムシャという親愛ある挨拶を交わしてくれたが、斜に構える目線にも出会ったはずである。

女の悲鳴

遠い昔の話だが、アイヌは和人と仲良く暮らしていた。

ところがこの頃、梅や大勢の役人を見るアイヌの目線は、冷ややかだったに違いない。

アイヌにとっては、突然、得体の知れない和人が来て「公平な交易をする…オロシアから島を守る…我らに従え…」と言われても、和人への不審が容易に消えない歴史がある。

裏切り続けられてきた辛い歴史があったからである。

蝦夷の先住者はアイヌである。

蝦夷の島に、和人が移り住むようになってから久しい。

石狩川沿いの江別《えべつ》市で、八、九世紀頃の古墳から鉄斧《おの》や鎌《かま》、和同開珎《わどうかいちん》の銅銭が発掘されている。

アイヌは鉄具を造らなかったので、和人が住んでいた証だと言われている。

アイヌは、京や江戸で珍重されていた昆布や鮭、海鼠《なまこ》などを、刀や釜の鉄具、米や衣類などと交換するうちに、いつしか生活の大半を和人の品々に依存するようになっていた。

アイヌに、その実態を的確に表す言い伝えがある。


女の悲鳴が聞こえたら、なくしたものは人か針(＊65)。

松前で一両の針は、奥蝦夷では七両ほどの価値に変っていた。それほど一本の針を失った女は、愛する人を亡くしたのと同じくらいに悲しい叫び声をあげたという。

物のバランスは心のバランスにもなる。それが大きく揺れるたびに、信頼が崩れて争いとなる。アイヌは和人に三度戦いを挑んだ（図8）。底に渦巻く要因はどれも和人の驕《おご》りである。

コシャマイン蜂起（康生二年・一四五七）

「こんなマキリじゃ、人だって刺せるまい！」

アイヌの若者は大人になる時、あるいは好いた娘へ渡す時、マキリ（小刀）を作る風習があった。若者は歓び勇んで和人の鍛冶屋にマキリを頼んだ。

ところがその出来、不出来がもとで口論となり、鉄具を作る鍛冶屋の優越がその一言に切れて、若者を刺し殺した。

そのマキリで…。

怒ったウスケシ（函館）首長のコシャマインは、殺傷武器を持たず、戦術も知らず、女子供も加わった稚拙な戦いを挑み、それでも十二の和人豪族の館をひと月ほどで攻め落とした。

しかし、兵を立て直し、殺傷武器を揃えた豪族達に追い詰められ、コシャマインは息子ともども殺される。

この戦の後、隣に住み助け合って暮らしていたアイヌと和人は、水と油のように分離していく。

シャクシャイン蜂起（寛文九年・一六六九）

「皆はどうした？　息子はどこだ？　妻はどこだ？」

十七世紀頃、アイヌは、米や味噌、衣類や鉄具など、生活必需品のほとんどを和人に依存していた。

このため松前藩は、徳川家康から交易の独占を認める黒印状を得ると、藩の許可のない商人の出入りを禁止する。交易の値を操るためである。

そこから、松前藩や商人のやりたい放題が始まる。

米一俵を五分の一に小分けした俵を一俵と数え、腐れ物、破れ物を混ぜる非議非道が繰り返される。

これに見兼ねたシブチャリ（静内《しずない》）のシャクシャインが「松前を追い出そう」と全島に呼びかけると、たちまち東は知床、北は増毛《ましけ》のアイヌも決起した。

蝦夷最大の反乱である。

しかし、東北諸藩の六千人の援軍や豊富な武器を前に、シャクシャインは後退を余儀なくされ、松前藩の和議に応じる。酒の席、奸計にあったシャクシャインの脳裏を

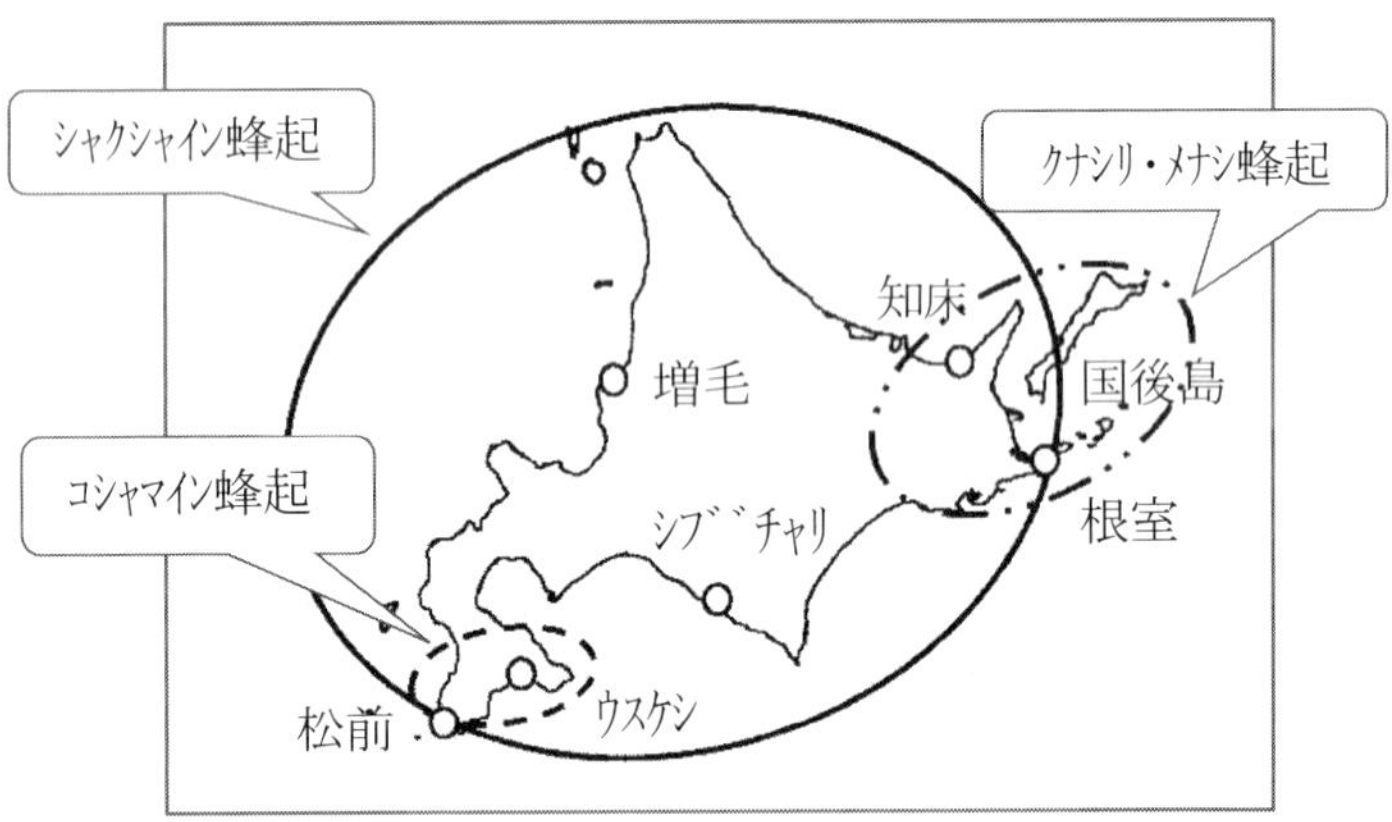

図８　蝦夷蜂起の範囲

巡ったであろう、その声なき声は村の者や、子や妻を案じる声である。

和人と対等であったアイヌは、隷属へと変わる。

水と住み分けていた一滴の油が、水の上に張り出してきた。

クナシリ・メナシ蜂起（寛政元年・一七八九）

「女房は毒殺された！」

働きが悪ければ「湯釜《ゆでがま》に投げるぞ」と脅し、体調が悪い娘にも「働け！」と棒を振り上げ、誰彼の女房に関わらず乱暴するなど、悪道非議が繰り返されていた。

アイヌの恐怖と不満は膨らみ、身も心も逃げ場のない極限に達した時、国後島《くなしり》の、その一声が引き金となる。火の粉はメナシ（根室）へ飛び火したが、恨みによる暴動はすぐに萎《しぼ》んでしまう。

首長のツキノエは必死に呼びかけ投降させたが、首謀者の三十七人は檻の中で抵抗の出来ぬまま無残な処刑を受ける。その中に、ツキノエの息子もいた。

硝煙のこもる中、ツキノエの息子は父の姿を追いながら崩れ落ちた。

追い詰められたアイヌは、和人へ隷属しつつも不信の念は増長していく。


祐助と梅が来島したのは、このクナシリ・メナシ蜂起からまだ十一年しか経っていない。

解説三〈蓋を開ける者〉

梅は、蝦夷へ渡ってから、幕吏や千人同心隊など、蝦夷の開国に勤《いそ》しむ多くの人たちに接したはずである。その誰もが蝦夷の蓋《ふた》が開けようと、知恵を絞り、技をこめ、力を尽くしていた。ただ、一縄筋にいかない事態も見えてくる。

(一) 幻の新道

「原新助殿を以って仰せつけられ候に付き…」に始まる書付がある。

皆川周太夫が内陸の川筋調査をもとに、松平忠明へ提出した新道計画書である。

この皆川周太夫を世に知らしめたのは、千葉小太郎氏であろう。

昭和三十二年、彼は帯広から函館に赴き、函館図書館所蔵のガリ版刷りの史料を奥様の助けを借りて書き写し、それを昭和三十九年に『郷土十勝』(*67)に発表している。しかも、十勝平野を踏破した周太夫の足跡を自ら見聞するなど、実検に基ずく報告書である。

その元は、昭和十年に長野県の更級郡教育会がまとめた、『今井村上氷鉋《ひがの》村塩崎村五千石領主松平信濃守忠明に関する文書』(*62)であろう。松平忠明の子孫が所蔵していた史料である。

またＷＥＢでは、大黒屋介左衛門という人が周太夫の足跡を追っている(*68)。

彼らの熱意があってこそ、皆川周太夫が世にいえる。

先記の『…松平信濃守に関する文書』（＊62）にある皆川周太夫の報告書は、四ヶ月弱の内陸調査をもとに立案した新道計画書であるが、未知の領域を踏破した偉業がにじみ出ている。

川筋ごとの道造り工数や馬引き工数、甲州富士川や野州阿久津（栃木県下野《しもつけ》）の高瀬船の船造り工数など、数理知識と広い知見を積み重ねて、人数と費用を綿密に割り出している。

更に驚くべきことは、海上と内陸道の輸送費の比較、工事総額を軽減する代替案も併記していることである。読む者を納得させる内容といえよう。

彼の努力に敬意を払いつつ、要約して紹介する（※と横線部は筆者付記）。

・書上…（※十勝川から虻田《あぶた》にいたる道筋の検分総論）

この書付は、「原新助殿を以って…」に始まり、調査した十勝川、沙流川、サツホロ川（豊平川）の川筋の様子をもとに、通船の可能性、新道開削の可能性などを総括している。

・覚

《虻田から十勝川河口に至る内陸道の工事見積》…（※全区間の開削）

虻田よりサツホロ川、沙流川を経て十勝川河口までの百二十里を、工期百五十日、延人数四万三千二百人、雇金一人三百文とする開削費や、河川切替え工事、牛馬や馬引き費、川船造りや陸付け費を合わせ、総額**四千四百両**を提案。

・覚

《新道川船運送積り書付》…（※新道と海上ルートの輸送費を比較）

蛇田から十勝川河口までの輸送費を、内陸新道と海上航路で比較する。米三十俵を内陸新道で運送すると銭七・二貫、米百石を海上で運送すると銭三九・一貫。これを米一俵に換算すると、内陸道は銭〇・二四貫となる。海上の銭〇・一四貫より高いが、**難船を考慮すると内陸道が便利**だと提案。

・覚

《十勝川から沙流川までの開発積書付》…（※総額を抑える代替案）

工事区間を六十里に短縮し、更に雇金を安くするために既に勤番の八王子千人同心六十人と南部勤番足軽百二十人の計百八十人を当て、雇金一人二百文とし、工期百八十日、延三万千六百人で当れば、総額**千四百十三両**で済むと提案。

総轄として、「新道開削は膨大な費用はかかるが、風雨に関わらず人馬と川船で確実に運搬できるので、輸送力は海上より大きい」とまとめている。

（註：周太夫は、八王子千人同心隊を五十人ではなく、六十人と数えている。同行の無給金者を合わせた人数なのであろう）

これら史料は、松平忠明の子孫宅に残っていたので、間違いなく忠明には渡っていたはずである。しかし、翌年、西蝦夷地を巡検した忠明がこれら川筋を巡検したという記録はない。

蝦夷地経営費は六万両（＊70）なのに、新道は四千両強と高額だったので実現しなかったのであろう。


皆川周太夫の幻の新道は、一世紀半を経て実現している。

昭和四十年（一九六五）、周太夫が山越えした十勝川から沙流川筋への峠は、標高千メートル、延長五七キロの日勝道路（国道２７４号線）として完成している（＊67）。

日勝峠から、縦横に遮る物のない十勝平野を見下ろすと、地の果ては雌阿寒岳の山並みを墨絵に化してもなお続き、空までも呑み込む錯覚すら覚える。

皆川周太夫が大望を託してから二百余年、依田勉三が鍬を振るってから百三十余年、十勝の大平原は質、量とも五穀豊穣を誇れる大地に変容している。


ところでその皆川周太夫、道造りや物流工数、更には甲州富士川や下野《しもつけ》、最上川など広範な知見を有しているのを思えば、中々の知識人である。

ところが彼の出自は不明である。

蝦夷へ派遣された千人同心隊に名がなく、八王子千人同心の所在地を示した「文化十三年千人同心姓名所在図表」（＊69）にも、親の名の皆川姓はない。。

いずれから来て、いずこへ去った者なのかと…。

(二) アイヌ首長の信念（＊31）

蝦夷の歴史書に、シレマウカという首長の名はない。

しかし、〈アイヌの漁猟権について〉（＊31）を読むにつれ、蝦夷に語り継がれるべき人物に思えてきた。アイヌにとって暗黒であった時代に、血を流さず、全命を賭して己の信念を成し遂げたからである。


シレマウカは、役人が定めた国境《くにざかい》により、先祖から受け継いできた三ヶ所のウラエ（鮭の産卵場）を没収されそうになる。しかし、命を張って理路整然と訴え、一ヶ所の没収で決着させた。

ただ、この後、ロシアとの外交問題に翻弄されていく。

文化元年（一八〇四）、オロシア使節のニコライ・レザノフが長崎に来航した。

彼は礼節をもって日本との通商交渉にのぞんだが、幕府は非礼にもレザノフを長崎に軟禁した上、翌年、「通商は国禁だ」と言って厄介払いしている。

この時、長崎で外交折衝したのが目付遠山景晋《かげみち》（遠山金さんこと景元の父親）で、蝦夷地御用掛として松平忠明に同行している（小説編三章（6）参照）。

この日本側の対応に、さすがのレザノフも怒りが収まらず、日本を武力で威嚇しようと企てる。

レザノフの様子からオロシアの動きを警戒した幕府は、諸大名に警戒を命ずる一方、西蝦夷地の海防強化に乗り出した。

文化三年（一八〇六）、西蝦夷地を巡検した遠山景晋《かげみち》は交通路や海防の整備を指示し、その一環として、千歳川沿いに宿舎を設けるように命じている。

当時、箱館奉行は箱館周辺の新田開発に多額の出費をしていたので、財源が厳しかった。このため、勇払の役人は、その宿舎に置く番人二人分の飯糧をシレマウカのウラエに求めたのである。

シレマウカに、再び〝寝耳に水〟の事件が襲ってきた。

彼は「二つのうち一つを没収されると一族が渇命するのでとても承服できない」と訴えたが、勇払の役人は次のように答えている。

「幕府の威光をもって命ぜられたことだから、私領がこれに争うことなどできない。いずれ西蝦夷地も直領になるので、その時を以って復旧せよ」と。

六年前、幕府の力をごり押ししなかった裁定と大きく異なり、この時ばかりは問答無用の言葉にも聞こえる。

シレマウカはそれ以上逆らうことができず、「西蝦夷地が幕府領になれば私領との国境がなくなる」という言葉を信じ、泣き寝入りせざるをえなかった。

この頃、レザノフの日本威嚇計画が彼の部下によって実行されていた。文化三年（一八〇六）九月には樺太を、翌年四月には択捉島《えとろふ》の運上屋を襲撃している。

箱館奉行がこの二つの事件を知ったのは、雪解けが進む文化四年四月末頃である。

これより少し前の三月、幕府は樺太襲撃を知らぬまま西蝦夷地を直轄している。これにより私領地と公領地の国境はなくなった。

これを知ったシレマウカはその年の閏六月、ウラエの権利を取り戻すため、顛末書をもって西蝦夷地の石狩会所役人に願い出た。勇払役人の「直領になったら復旧せよ」の言葉を添えて…。

訴願状は石狩会所から勇払会所へ送られた。

シレマウカの一族は、もともと家数三十七軒百四十八人の大所帯だったが、ウラエが減って石狩川の不漁も重なり、この頃には七軒二十八人に減っていた。シレマウカは「ウラエがやっと戻ってくる」と胸躍らせたであろう。

シレマウカは老境に入る頃、耳は聞こえても言語は不自由になっていた。それでも一族の窮状を訴え、先祖伝来の墓所を回復して孝道を立てたい一心から、ウラエの返還を嘆願し続けた。

彼の窮状を見かねた石狩会所の役人は、彼の嘆願書に連署している。しかし、既得権を得た勇払の役人やイサリ・ムイサリのアイヌ達はウラエを返そうとはしなかった。

文化四年四月、河西祐助は勇払詰調役《しらべやく》下役に任ぜられ、高橋治大夫に代わる責任者となる。同年七月には石狩詰調役《しらべやく》下役も兼務した。

この時祐助は、シレマウカ訴訟の訴え手と受け手の二役を担うことになる。この事態はシレマウカには朗報になるはずだった。責任者が同じとなれば解決は早い。

しかし、祐助はロシアの襲撃事件で多忙を極め、シレマウカの訴訟どころではなかった。そしてまた、シレマウカにとり不幸なことだが、祐助の二役は続かなかった。

時代はシレマウカの子のシリコノエに移った。

文政四年（一八二一）、蝦夷地全島が再び松前氏の領地になると、シリコノエは過去の顛末書を添えて石狩支配人へウラエの返還を訴願した。

鮭の宝庫を巡って、石狩側はアイヌの慣例を盾に、勇払側は幕府の制度を盾にして自らの正当性を訴えた。また両場所の請負人もそれぞれを後押しした。

両者の言い分を聞いた松前藩主は、「アイヌの慣習に任せるべきだ」と裁定した。

即ち、三か所のウラエ全てをシリコノエ側（石狩アイヌ）に返還する一方、生活の糧となる飯料は勇払側との区別なく親類の者に分配し、残りある場合には、勇払と石狩の運上屋へ等分に差し出すことと裁定したのである。

シレマウカの執念は、二十余年の時を経て稔った。

ところでこの松前藩の裁定を考える時、妙に心が落ち着く。世に〝大岡裁き〟と名を残す大岡越前守忠相の沙汰にも似ており、〝松前裁き〟とでも呼んで拍手を送りたい。

蝦夷には、身命を賭けて和人に挑み、名を残した首長が三人いる。ウスケシ（函館）のコシャマイン、シブチャリ（静内《しずない》）のシャクシャイン、そして国後島《くなしり》のツキノエである（解説二㈣参照）。

彼らは奮戦したが、多くの血を流した上、アイヌの尊厳と土地を奪われている。一方シレマウカは、信念を子の代までつなぎ、無血で己の権利を取り戻した。武に解決を求めず、世代を超えて信念を貫いたシレマウカの和人との戦いは、三人の首長にも劣るまい。

されど、蝦夷の歴史にシレマウカの名はない。

㈢　隊士達の妻帯伺い

千人同心隊の居住環境は、移住当初から劣悪であった。

目の前に広がる勇払原野は耕作に適さず、さりとて他所での耕作にも手が回らず、しかも住まいや食の保存など、蝦夷の冬の迎え方など知らなかった。

祐助は、梅と住んだ官舎を穹廬《きゅうろ》（天幕で囲まれた粗末な家）と呼んでいるが、千人同心隊の住家はもっと劣っていたはずである。

住いは場所請負時代の朽ちかけた倉庫か、俄《にわ》か造りの掘立小屋である。壁は藁《わら》程度で囲い、床は筵《むしろ》程度で畳すらない。元々、人が越冬できる造りではない。

さらに移住初年度は、官営施設造営や道路開削に駆り出され、農地開拓どころか、冬を乗り越える住まい造りにかかわる時間すらない。

食糧は、米、味噌、酒は残っても、冬囲いをしない根菜はほとんどとろけてしまう。これでは、蝦夷の冬を無事に乗り切れるはずはない。

厳冬を知らぬ隊士たちは、流行《はやり》病にかかったように病に伏し、亡くなる者も後を絶たない。

彼らの病気の主因は、野菜不足による浮腫病、すなわち壊血病であろう。

浮腫病にかかると、顔や手足がむくみ、重度になると足や踵《かかと》、腕が腫れ、動くだけで四肢にだるさや疲れを感じる。多くは大根や蕪《かぶ》、キャベツ、キュウリなどのビタミンCを含む野菜を食べれば治るが、当時はその原因や予防処置の知識もなかった。

この浮腫病の大悲劇は、これより七年後にも起こる。

幕府は全蝦夷地を直轄した文化四年（一八〇七）、奥州の各藩に蝦夷地の警衛を命じた。この命により、津軽藩は知床半島の根元の斜里《しゃり》に百人の駐屯部隊を派遣している。

その年の冬、野菜不足と寒さのために多くが浮腫病を患い、現地で七十二人が死亡している。帰国途中には十三人が倒れ、津軽に戻れたのは十五人だけだったという(*70)。

これら惨状への対応が、勇払会所側と箱館御用掛との書状に見える(*27 *36)

享和元年三月頃のやりとりである。

《農耕地転地替え伺いの件》

勇払側:「昨年我らは道路開削の合間に農地開墾にも精を出したが、勇払の辺りは火山灰、砂地多く、植えた作物は殆ど実らず。耕作に適する地は鵡川《むかわ》から三石《みついし》辺りなので、その地へ場所替えを願いたい」

箱館側:「沙流《さる》と三石《みついし》場所は南部勤番の場所にて叶わず。鵡川《むかわ》は公儀の場所にて、そこを耕作の場所と見立てるべし」

《暮らし向き改善の伺い》

勇払側:「この冬は、八王子の暮らしに比べ思いのほか厳しく、冬の間に亡くなる者、病に伏す者が多く難渋致し候。病の多くは、冬の寒さにこたえてのこと。畳と夜具を支給願いたい」

箱館側:「第一に家の作りの儀、相当ならざる趣にて小屋を多く建て、浮き床にして畳を入れ四方を手厚く囲み、囲炉裏など手当して凌《しのぎ》易くすべき事。

また冬の間、酒食して住まうだけでは病気を発するため、それぞれ手すきの無きよう産業致すべし…畑作の儀は如何様にも骨折り候事は勿論候…面々冬の分の手透き無きよう働くべき事。右の儀指揮不行き届き故、病人も多くあり死失に至る者も少なからず。今一度心を相用い運動第一を心がけるべし」

《隊士の妻帯伺いの件》

勇払側：「同心どもの内、永住する者へは妻帯させたいが松前、箱館とは離れているので熟談ならず。越後は男子より女子が多いと聞くので、越後あたりよりお手当願いたい。何れ当地にて農耕に精をだすようになりましょう」

箱館側：「相成り難し」

原新介らの要望に沿い、新たなる畑作場が鵡川《むかわ》場所と決まり、居住環境では「指揮不行き届きゆえ」と辛口は続くが、無縁畳百二十枚と夜具布団四十組などが支給されている。

しかし、「妻をめとる」という願いは、あっさり否定された。

隊士たちの期待ははずれた。

その報に落胆する者、動揺する者は多かったであろう。

(四) エリート官僚の評判

松平忠明は、北海道開国の始祖ともいうべき人間である。

「百年の後には、蝦夷地一円 悉《ことごと》く本邦の如く」の旗振りの責任者である。それなのに、歴史の表舞台では、彼に従事した近藤重蔵や最上徳内の名は残っても、松平忠明の影は薄い。

なぜだろうかと…ふと思う。


そんな忠明を略歴から手繰ってみる（*62）。

明和三年（一七六六）、豊後国《ぶんごのくに》岡城主中川修理太夫久貞の三男（二男説も）として産まれ、幼い頃から剛胆で知力があったという。岡城は大分県竹田市にあり、滝廉太郎が〝荒城の月〟をイメージした城とされる。

十九歳の時、旗本松平忠常の養子となり江戸へ上る。二十一歳で家督を継ぎ、信濃国上田藩主分家の同国塩崎村今井村（長野県長野市）など四村を合わせた五千石領主となる。

この後、出世街道を駆け上り、小姓組番頭《こしょうぐみばんがしら》、西の丸書院《しょいん》番頭を歴任し、寛政十年、ロシア脅威論が叫ばれている頃、三十四歳で旗本トップの本丸書院番頭に登りつめる。

さらに、その年の暮れ、蝦夷開国の責任者を命ぜられる。

上司の若年寄《わかどしより》堀田正敦《まさあつ》が、老中戸田氏教《うじのり》へ忠明を責任者に推薦する伺書がある。

「忠明は力量があり適任である」とし、忠明に内意を尋ねると「兼ねて一通りのご奉公のみにて朽ち果て候儀を甚だ歎《なげ》きおり、如何様《いかよう》の儀にても抜群の御用を相勤め、粉骨を尽くし申したき心願にて罷《まか》りあり候」の趣き（＊35）。

忠明は老中の信頼が厚かったせいもあるが、機を見るに長け功名心に燃える男なら、自ら名乗り出たとも考えられる。

年が明けた寛政十一年一月、幕府は東蝦夷地を松前藩から仮直轄すると、忠明を筆頭に、石川忠房《ただふさ》、羽太正養《はぶとまさやす》、大河内政寿《まさこと》、三橋成方《なりみち》の五人を蝦夷地取締掛に任命した。

この五有司に従う幕吏七十余人の中に、高橋三平、高橋治大夫、そして歴史に名を残す近藤重蔵や最上徳内がいる。

これら官僚トップと優秀な幕吏を揃えたこの体制に、幕府の強い本気度が見える。

同年三月、松平忠明は遠山景晋《かげみち》ら諸幕吏の他、領国信濃国《しなのくに》から三人の農民を連れて蝦夷地巡検に出立する。

松前に渡ると、陸路で太平洋岸を進み、蝦夷の難所であるレブンケ峠（長万部町）を踏破している。遠山景晋《かげみち》はその時の苦難の様子を『未曾有記』（＊23）に残しているが、小説編二章（３）に記述したように、女子供には到底叶わぬ峠である。

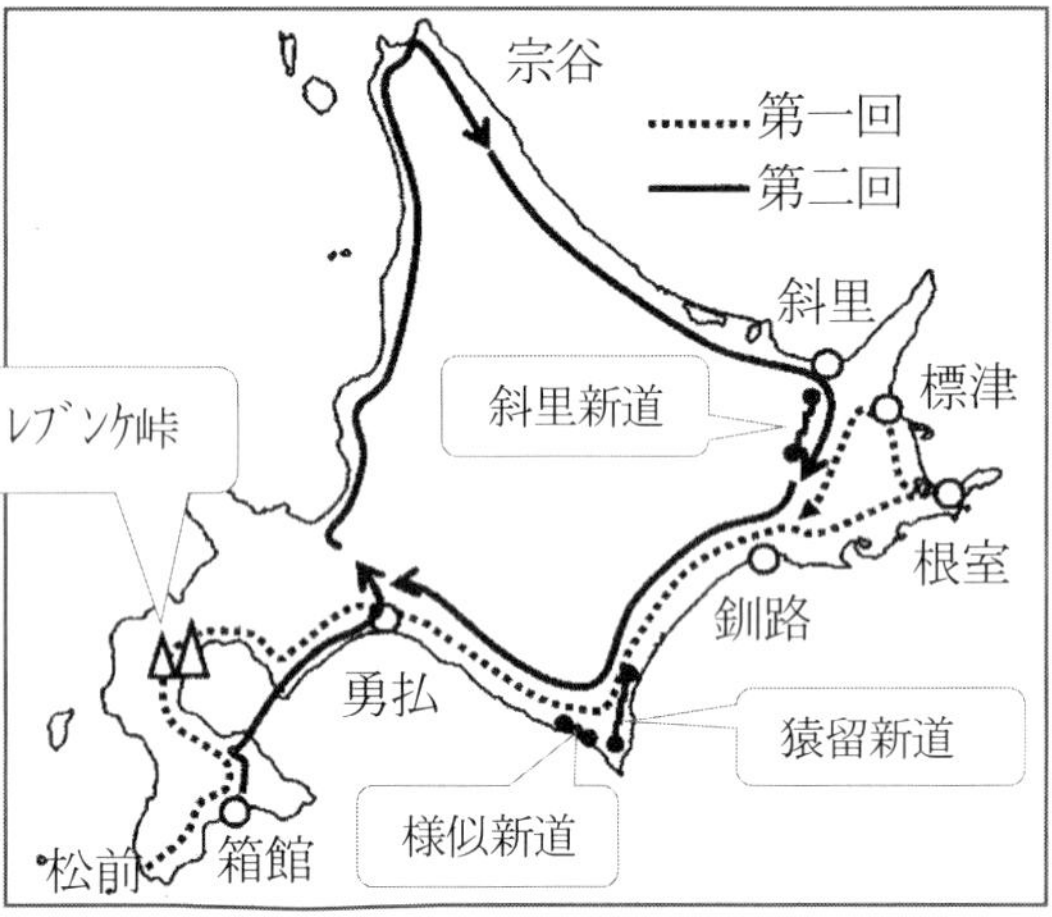

図９　松平忠明の蝦夷巡行ルート
（三章(6)と重複掲載）

その後一行は勇払を経て、最上徳内らが開削した様似《さまに》新道や猿留《さるる》新道を通り、釧路から根室に至る（図9）。

二年後の享和元年、忠明は二回目の巡検で蝦夷本島を一周する。

帰路には箱館山に上り、心境を石碑に刻んでいる(*71)。

再奉
命入蝦夷闢《ひらき》　土彊《どきょう》制民産
一日登箱館山　慨然規畫《きかく》在眼
享和改元年親友秋七月
書院番頭松平信濃守源朝臣忠明設

「命により蝦夷を開いたが、民による殖産が進み、箱館山に登れば気概溢れる蝦夷の姿を一望できる」と、誇らしげに詠んでいる。

翌享和二年二月、幕府は、忠明の提案を受けて東蝦夷地を永久直轄とし、蝦夷地御用掛を奉行格に昇格させた（同年五月箱館奉行に改名）。これは南の長崎奉行に次ぐ格である。

忠明は、本丸書院番頭に復帰した後、同年五月、家康の居城であった駿府城代の任を受ける。

この職位は、天保年間の幕府職制一覧によれば、老中に直属する二十六の職制のうち、高家《こうけ》、側衆《そばしゅう》に次ぐ三番目の高位である（＊72）。官僚の登りつめた最高位といえる。

ところが忠明は、三年後の文化二年、駿府で自刃《じじん》している。

動機は定かではない。

このエリート官僚の評価は二極に分れる。

彼が治めていた領民の評価は高い。

忠明は、信濃国《しなのくに》（長野県）の塩崎村など四ヶ村の領主の時代、千曲《ちくま》川揚水事業を行って里田を潤し、生国豊後《ぶんご》の畳表の藺草《いぐさ》栽培を勧めるなど、殖産興業に力を注いでいる。

このため領民は、忠明の蝦夷地巡検の際、寺院で祈祷や読経を行い、伊勢大神宮へ代参を送って安全祈願し、冥加として祝儀百両を納めている。ただ金集めにはかなり苦労した様子がうかがえる。

また駿府城代の時には、幕府より駿府浅間総社再建の総監督を命じられた。この工事は長期に渡るため、領内を潤すとして領民に歓迎されたという。

もっとも領主を称える領民の声は、いつの時代でも本音を語ることは少ないが…。

一方、側近幕吏は辛口評である。

蝦夷地巡検に随行した遠山景晋《かげみち》は、難所のレブンケ峠越えの際、昼夜を問わず部下を置いて先に進む忠明に、難儀に際し先走りすぎて、部下や集団を考えない忠明の行動を諫《いさ》めている。

昨日の健行、鬼の如く神の如し。我らが偕しても及まじき（一緒してもついていけぬ）お振る舞い候もの哉。恐らくは強勇の余りありて、仁恕《じんじょ》（心遣い）少し足らざるに似たり（*23）。

最上徳内の評価はもっと辛い。

彼は、蝦夷に人馬が通れる新道が不可欠との信念を持っていた。このため「数万両かけてでも、山を削り谷を埋めて、民の楽な道を！」の気概で様似《さまに》新道（様似・幌泉《ほろいずみ》間の一里余）と猿留《さるる》新道（幌泉・庶野《しょの》間の七里）に尽力していたのである。

ところがそれを検分した忠明は、余りにも手の込んだ道路造りが気に入らなかった。

念を入れたるはよろしからぬ（*35）。

早く進めるようにと諫《いさ》めたのである。

徳内は持論を添えて反論すると、即刻罷免された。腹に据えかねた徳内は、江戸に戻るや忠明の御用地開発の失陥を指摘し、改善策を提出する。忠明は、それを未開封のまま送り返している。

徳内が忠明に対して「あの官僚野郎！」とでも憤慨した様子が見て取れる。

ところで、この禄高十七石の小身と五千石の大身という、いわば権道を外す衝突に、〝義を通す剛直の士〟と徳内を喝采する向きもある。

しかし、追加となる負担の重さや、補給路として急がれる道造りを考える時、本件では、徳内の反論を受けても罷免程度に収めた忠明を良とすべきであろう。

物体は距離が近くなるほど摩擦が増えるものである。

人間とて同じで、さらに粗《あら》もみえてくる。

寛政十年、蝦夷に入った木村謙次の同行者批評もこの道理による。

近藤重蔵を「何かにつけ怒鳴り散らす我儘《わがまま》者」と評し、最上徳内を「松前藩の不正を重蔵に盛んに吹き込む佞人《ねいじん》（お調子者）」と…（＊14）。

上下の関係は、己を基準とする「正義・不義」をもとに、〝あばた〟と〝えくぼ〟の変異を繰り返すが、幕吏の忠明評価とてこれに順じよう。

忠明の名は、北海道五十周年式典の追彰碑に残る

故信濃守　松平忠明

夙《つと》に蝦夷地の危急に慨し献策する所あり、寛政十年警備の命を承け石川忠房、羽太正養、大河内政寿、三橋成方等と方策を議し十一年共に松前に赴き、根室標津《しべつ》釧路を巡察し、蝦夷を撫し道路を通し会所を置き牛馬を移し穀菽《こくしゆく》（豆）を試み尋ねいで、勇払、支笏、石狩、宗谷、斜里を巡憮し、蝦夷地御用掛の主席を以って精励恪勤《せいれいかっきん》施政の方針を立て以って、享和二年蝦夷地奉行設置の時に至る。其の労効純に洵《まこと》に偉大なりとす　茲《ここ》に開道五十年記念式を挙《あ》ぐるに當《あた》りその功績を追彰する

大正七年八月十五日　北海道長官　正四位勲三等　俵　孫一（*71）

蝦夷開国政策は、文政五年（一八二二）、得撫島《うるっぷ》までを含め、幕府の完全統治をもって完了した。アイヌの人権保護には何ら手をつけてはいないが、行政・交易の拠点を作り、人馬が通れる陸路を開き、望む者には和の文化を指導している。

粗削りではあるが、中央政府の目が届く〝治世ある国〟に仕上げたといえる。

松平忠明はその礎を造ったはずなのに、今なお〝蝦夷開国の祖〟の呼称を与えていない。

(五) 江戸の土産話（続編）

市川彦太夫や原川長兵衛の功績は、病を患う者を送り届けたことと、間違いなく戻って来たこと、そしてもう一つ、江戸のホカホカの土産話を持ち帰ったこともあげられる。残る者には、良薬になったはずである。

本題の〃土産話〃に入る前に、当時の世相を眺めてみる。蝦夷の開国が始まる寛政十年から文化元年までの七年間を『近世事件史年表』（＊73）から世相を追うと、当時の様子が見えてくる。

一揆・暴動	67件（33%）
殺傷・仇討	38件（19%）
盗賊・盗み	32件（16%）
火事・放火	23件（11%）
洪水地震津波	14件（7%）
偽物・詐欺	10件（5%）
他	16件（9%）

表1　事件の内訳
（200件中）

＜奉行が死罪と判決した件数＞ ⇒41件中 27件

罪状	死罪判決
殺人	10件中8件
盗み	17件中12件
ゆすり	3件中2件
偽物作り	7件中4件
放火	4件中1件

＜獄門と島流しの判決件数）
⇒ 41件中14件

表2　奉行が判決した内訳
（41件中）

事件の内訳（表1）を見ると、天明飢饉が尾を引いているせいか一揆や暴動が多い。続いて殺しや仇討などの殺傷沙汰、そして、今と変わらないのが、人の弱みにつけこむ窃盗・詐欺や色恋沙汰など人情機微の事件である。

また奉行の裁き（表2）を見ると、実に厳しい。人を殺せばほとんどは極刑だが、盗みや放火など、人の道を外す事件でも極刑になる。仇討が許された時代ゆえであろう。

天明飢饉から十余年、地方では長引く飢饉のため一揆や暴動がくすぶるが、中央では備蓄や節約、風俗取締りなどと寛政の改革の名残《なごり》もあり、江戸後期では比較的安定していたといえる。

そんな時代に、千人同心隊は蝦夷へ向かったのである。

さて、このような時勢を映す土産話のネタを、彼らが八王子を離れていた頃から拾ってみる。

なお、★印は筆者の感想を付記したものである。

女の富士山詣で（寛政十二年）

富士山は女人禁制の山。されど昔から六十年毎の庚申《こうしん》の年だけ登山が許され、寛政十二年は解禁の年であった。年の初め、江戸市中で所々に御札を立てて知らせている。

六月、諸国の女たちが富士山詣でに押し掛け、街道筋の駅や宿には山頂を目指す善女で群れていたという。

ところがこの富士山が拒む女もいたという。遊女屋の母や女房など汚れある女が山麓に来ると狂気し、骨身が痛み、大雷風雨の天変ありて、参拝する事叶わざるなりという(＊74)。

★今でこそ旅人は女が多いが、江戸の時代、女は五パーセントにも満たぬ。それだけに大手を振って旅のできる庚申《こうしん》の年は、甲州街道筋が華やかに賑わったに違いない。

乞食風坊主が若い女を刺殺した事件（享和元年）

二月の初め、四谷天竜寺門前を、青梅縞《おうめじま》の綿入れに上田縞の下小袖を重ねた二十歳ばかりの綺麗な女が通る。一方から、擦り切れて垢だらけの古布子《ふるぬのこ》を着た願人坊主風の男、手拭いで頬被りし鼓《つづみ》を持って現れる。

すれ違いざま、男は突然女を押し伏せ、小刀で女の喉をえぐる。女は即死。

町の者どもに取り押さえられたこの男、「この女は我が頭《かしら》の娘。互いに懇《ねんご》ろの身なれど、我は委細あり暫く他国道中の身になる。されどこの女、仲間の者と密通し親も承知し近々嫁ぐという。余りにも口惜しくてかく計らいけり」と言ったという(＊75)。

★垢で汚れた願人坊主と人目もまぶしい若い女という不釣合いな二人。誰もが坊主の話を信じなかったという。『享和雑記』に、「色は分別の外とはいえども、惜しかるべき命なり」と女を悼む。その論評を思えば、瓦版ではトップの扱いだったのであろう。

町医者斎藤慶安、横死の事件（享和元年）

元関東御郡代家来の斎藤慶安は主家断絶の後、下谷箕輪《みのわ》で町医者をしていた。金銀の蓄えもあり、旗本家来の倅を養子に迎え、良安と名付けた。女房亡き後、慶安は吉原山本屋の遊女白糸を受けだし、名を民と改めて娶《めと》った。いつしか良安と民は密通を重ねながら、慶安の蓄えた金銀をもとに二人で暮らそうと悪念をいだき、慶安殺害を企てる。

享和元年三月、飛鳥山日暮里《にっぽり》の里で花摘みから戻る途中の慶安と民。朦朧《もうろう》とした上弦の月影の下、突然男が飛び出し慶安を襲い殺害する。

敵は誰かと尋ねられた民、見知らぬ男というばかり。犯人の検討はなかなかつかない。ところが、良安と民の風聞に様子不審を聞きつけた町奉行所根岸肥前守、二人を呼び出し厳しく吟味すると、慶安殺害を白状する。良安（二十五歳）は磔、民（二十八歳）は重追放となる(＊75)。

★ 老若が絡む色恋沙汰と金狙いの欲。六十余歳の慶安に、若き民の心が叶うはずなどなく、同じ屋根の下なら起こりうる事件である。『享和雑記』には、「中年以降に妻を失うは大いなる不幸だが、再び娶《めと》る事尤《もっと》も難し」とある。

今の世、歳の差婚など再び娶《めと》ること珍しくないが、この『享和雑記』の諭しは重い。

手荒な強盗団、荒稼ぎの賊の事（享和元年）

下谷箕輪《みのわ》辺り、去年の暮れから往来の少ない黄昏時、女子供を不意に打倒し、持ち物を奪い取る物騒な事件が起こる。年が明けると大衆の面前でも堂々と行う始末。

下女丁稚《でっち》を連れた女房娘を打倒して櫛笄《くしこうがい》を奪い、路上の男の眼鼻の間を拳で叩き、驚く隙に懐中物を奪い、侍の大小の刀をすれ違いざまに抜き取る。被害は広がるばかり。

質屋に入れば、家の者を縛り上げ、土蔵の金品を堂々と運びだし、通報に集まった者には刀の切っ先を突き付けて悠々と立ち去るなど、〝荒稼ぎの賊〟の名は広がるばかり。

首領は鬼坊主なる万力善次。吉原、品川、深川など名のある遊女と馴染みで、金銀を湯水の如く使い、衣服大小に美麗を尽くし、雪月花を楽しむ風流者。されど用心深く、町奉行所の取締りを難なくかいくぐり、いたずらに日が流れていた。

盗賊改《あらため》の岡部内記、窮余の策として本郷に隠れ住む善次の母親を召し捕った。これを聞いた善次、「母の存じなき筋、放免願いたい」と銚子から出頭したという。

善次が斬刑となったのは、秋に入る頃である(＊75)。

★神出鬼没で奇抜な荒業、美麗尽くしの風流者、おまけに母への敬慕という組み合わせに、江戸の瓦版は、流言飛語も含めて連日トップニュースになったことであろう。

ところでこの事件、八王子千人同心が色めき立った。

千人同心組頭の塩野周蔵光迪《みつのぶ》は養子の塩野轍《とおる》（適斎）に、「汝は千人同心隊組頭の生まれ。撃剣の術を学ぶといえど、今、国家安泰にて国の恩に報いる事もなし。されどこの事件、恩に報いる機会なり。汝はこれを官に請い命を受け、しかる後これを捕縛せよ。上の命に従い、汝の術を使えば、即ちこれ一時の忠勤なり」と諭す。

養父の意を受けた塩野轍《とおる》、勇んで千人頭の石坂彦三郎に願い出た。ところが石坂氏、これを「然《しか》り」と言うが一向に動かず。日が過ぎるうち、鬼坊主は奉行所に捕らわれる。養父は草廬《そうろ》（いろり）で切歯《せっし》（激しく悔しがり）し、如意《にょい》（仏具木）をささえて嘆息する。

「千人同心隊士衆は嘆き悲しんだ。我が養父の志、どうして浮華《ふか》（軽薄）といえようか……ああ惜しいかな…古人曰く〝鶏口となるも牛後となるなかれ〟」（＊10）。

★ 尋常ではない養父の落胆ぶりをリアルに描写した文体に感心するが、それにしても隊長の石坂氏、ここで功を成せば原半左衛門の蝦夷地開拓と併せ、元席復帰に一役買えたはずなのに…。

政治や文化の硬い話より、色恋妬み、欲や詐欺など人情機微の話は、いつの時代でももてはやされる。おそらく市川彦太夫らは、こんな話を持ち帰ったであろう。

図 10 鵡川の二景（上：集落図　下：火の玉図）　（＊19）

㈥ 謎の火の玉

蝦夷を探検した紀行書の中に、複数の人が目撃した珍しい記録がある。

時は寛政十一年五月、時刻は夜の八時、場所は鵡川《むかわ》。千人同心隊が移住する二年前のことである。

松平忠明が蝦夷調査隊として編成した一つに、植生する薬草を調べる採薬調査隊がある。

幕府の奥詰医師である渋江長伯は、その隊長として蝦夷に入るが、現れた奇妙な現象を絵図に書き留めている（図10・＊19）。

一枚の紙の真ん中に太い線をなぞっているが、それぞれに陸形が描かれているので、上下別々の絵だとわかる。

上絵には数戸が並ぶ六《む》川（鵡川）の集落が描かれている。

一方下絵には、浜辺で手を合わせて拝む長髪の男、提灯《ちょうちん》を持つ帯刀の男、空中には尾を引く小さな物点が描かれている。

その小さな物点を拡大したのが、挿入図だが、光跡をもつ火の玉のように見え、長髪の男（渋江長伯？）が、それを拝んでいるように見える。

なお、重複して描いた家は、おそらく人物との大きさから書き加えたのであろう。

この時、渋江長伯に同行していた谷元旦は、その様子を『蝦夷蓋開日記』に詳述している。


五月十六日…ムカワの小屋に宿す。小屋は夷人の漁猟小屋也。この日も五里余りの道にて、海原砂原にて見るべきものもなし。此の夜五ツ時（午後八時～）過ぎに小屋の外に出しに、東のほうにあたりて、波の上に火見えたり。其の大きさ茶碗程に光り朱のごとし。冉々《ぜんぜん》（じわじわ）として上る。壱丈《いちじょう》（三メートル）許《ばか》りも見えて、暫《しばらく》の間に又海へ入る。斯《かく》のごとき事、六七度。海上甚《はなは》だあかるし。土人に尋ぬるに、何という事を知らず（＊8）。


西暦でいえば、一七九九年六月十九日の午後八時過ぎの出来事。

この現象は、千人同心隊や梅とかかわりはないが、珍しい現象なので特記した。

いずれ、説明していただける方が出ることを念じている。

解説四〈生《いのち》をつなぐ〉

梅が耳にし、目にした義経を追ってみる。

㈠ 義経の蝦夷渡り起源

源義経は、文治五年（一一八九）、かくまってくれた藤原泰衡《やすひら》の裏切りにあい、衣川《ころもがわ》館（岩手県丹沢郡）で自害している。時に三十一歳である。

義経の足跡は、西は壇ノ浦（下関市）から南は屋島（高知県）、そして伊勢・美濃を経て北の平泉で途絶える。

それなのに、義経が渡ったはずのない北海道に、「義経が腰かけた松」とか「義経が尻餅をついた岩」などと、たわいのない名前が百を超える。

義経の蝦夷渡り伝説ができたのはいつの頃か。

寛文十年（一六七〇）、幕府の学問を教導した林羅山の『本朝通鑑』がその根拠とされる。

衣河の役で義経死なず、逃げて蝦夷ヶ島へ至りその種を遺す（*76）。

義経自害から四百八十年、新事実など出るはずもないが、あえて探せば本朝通鑑が出る前年の寛文九年、蝦夷蜂起の首謀者シャクシャインに当たる。

シャクシャインは、全島のアイヌを決起させ、交易独占を狙う松前藩に立ち向かった。蝦夷史上最大の反乱である〃シャクシャイン蜂起〃(解説二(四)参照)の首謀者である。

この時幕府は、東北諸藩に六千人の備えを命じているが、熊本の細川藩でさえ戦備えをするなど、日本中を震撼させた。その強力な指導者が義経の遺種だとする説である。

その伝播に一役買ったのが、蜂起後に著された〈御曹司島渡り《おんぞうし》〉(*47)であろう。原本は、義経が京の陰陽師《おんみょうじ》鬼一法眼の娘を通じて兵法書の虎の巻を写す〈判官都話《ほうがんみやこばなし》〉(*77)であり、その登場人物と舞台を衣替えしたものである。

義経の蝦夷渡り説は、元禄期(一六八八〜一七〇三)頃から広まり、探検記や漂流記、大衆文芸書など、百七十余の書物に著されている(*78)。

子女教育の御伽草子の書物にもなったので、庶民受けも良かったのであろう。

ところで、隔絶されていたはずの蝦夷に、どうして義経の名が伝わったのか。

松前藩がアイヌの英雄を義経に置き換え、それを崇拝させたという説はあるが、アイヌを労力としか見ていない松前藩に、その意図などあろうはずがない。

蝦夷を往来する者たちの語り草が、英雄伝説として風聞したのであろう。

元禄期から百年後の寛政十年、幕府の調査団として蝦夷に渡った近藤重蔵は、アイヌに伝わる義経の古跡を見聞している。

択捉島《えとろふ》に〝大日本恵土呂府《えどろふ》〟の標柱を立てての帰路、沙流《さる》川上流にあるビラトのアヨヒラ（平取《ぴらとり》のハヨピラ）に義経の旧跡があるのを耳にすると、二十人を連れ、神社となる場所を地固めして小さな祠《ほこら》を立てている。

その時、一宿一飯の恩をうけた家の主に残した告諭《こくゆ》がある。

此の地で敬う鎧手《よろいて》の壮者は源判官義経公の遺跡なり。択捉島《えとろふ》の帰りに巡見し、ここに小洞《こぼら》を建てた。義経公の神がある所、永くこの国を護りこの家の福を祈る。来《きた》る後、この地の人々は奉順《ほうじゅん》敬愛し謹んでこの言に違う事なかれ。

寛政十年戊午十一月十五日　冬至　近藤守重良種（＊14）

近藤重蔵は、翌年、その小洞《こぼら》に御神像を奉納している。

それが平取の義経神社に現存する義経像である。

また、松平忠明の蝦夷調査に加わった谷元旦は、寛政十一年五月、ホロベツ（登別市）で義経の話を聞いている。

夷人のうち三人、浄瑠璃を語るよし。よって酒を与うれば歓び、一人仰いで謡いだし、胸をたたいて二人は薪《たきぎ》にて拍子をとる。祭文の節に似たるようなり。通詞のいひしに、前々は多く義経卿の事のみ謡いたり。近頃は新節もありて種々の事を作りたるよし(＊8)。

これらから、寛政十年よりも前に、義経の名が蝦夷に伝わっていたと読み解ける。

さて、時が八十年進んだ明治十一年（一八七八)。

イサベラ・バードは、アイヌの調査のため平取に四日間起居している。その時見た義経神社を次のように記録している。

ジグザグ道の頂上の崖のぎりぎりの端に、木造の神社が建っている…（略）…明らかに日本式建築である。副酋長が神社の扉を開けると、みんな恭《うやうや》しく頭を下げた。それは漆《うるし》の塗っていない簡素な木造神社で、奥の方に広い棚がついていた。その棚には、歴史的英雄義経の像が入っている厨子《ずし》がある。像は真鍮象眼《しんちゅうぞうがん》の鎧《よろい》をつけていた…（略）…この山のアイヌの偉大な神の説明を聞いた。義経の華々しい戦の手柄のためでなく、伝説によれば彼がアイヌ人に対して親切であったというだけの理由で、ここに義経の霊をいつまでも絶やさず守っている(＊22)。

平取に伝わる義経は、悲劇のヒーローではなかった。

(二) 義経の人気度

日本には、神代の昔から、たくさんのヒーローが生まれている。多くは、戦《いくさ》や時代の変わり目の寵児として、神話や御伽草子、講談や歌舞伎、映画やテレビにもてはやされ、今ではスポーツや科学技術にと、ヒーローのジャンルは広がっている。

その中でも、義経は、古今東西の人気者といえる。

それを、独断と偏見の尺度で時代ごとの人気度を計ってみる。

江戸時代の義経人気

神話や伝説、童話からなる御伽草子をもとに、実在人物の登場回数で評価する。

御伽草子にはネタ話が二千編あるとされるが(*78)、内容の異なる百編を抽出した『入門奈良絵本絵巻』(*77)を見ると、実在らしき人物の登場は二十編ある。これを基に評価したのが図11である。

これによると、義経が十編、在原業平が二編、続いて平清盛などが一編ずつ登場する。即ち、江戸庶民の義経は〝ぶっちぎり〟のヒーローだったのである。

更に興味を引くのは、平清盛や源義朝はいても源頼朝がいないことである。庶民の人気には敗者への情が必須のようである。

そしてまた、信長や秀吉、家康も選外である。御伽草子の世界では、まだヒーローの資格要件を満たしていないようだ。

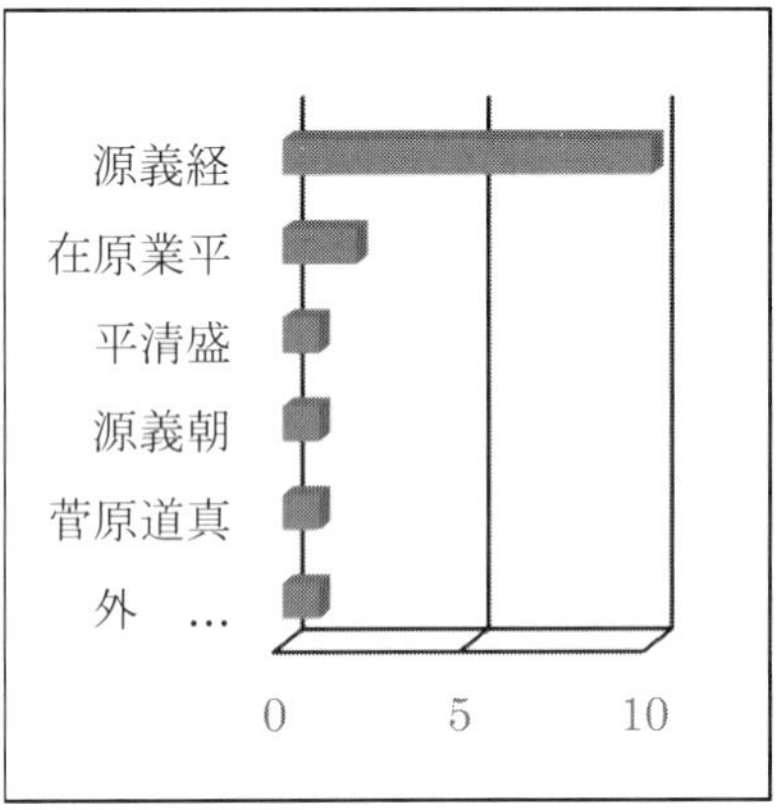

図11 江戸の時代の人気者（＊78）
（入門奈良絵本絵巻の登場編数）

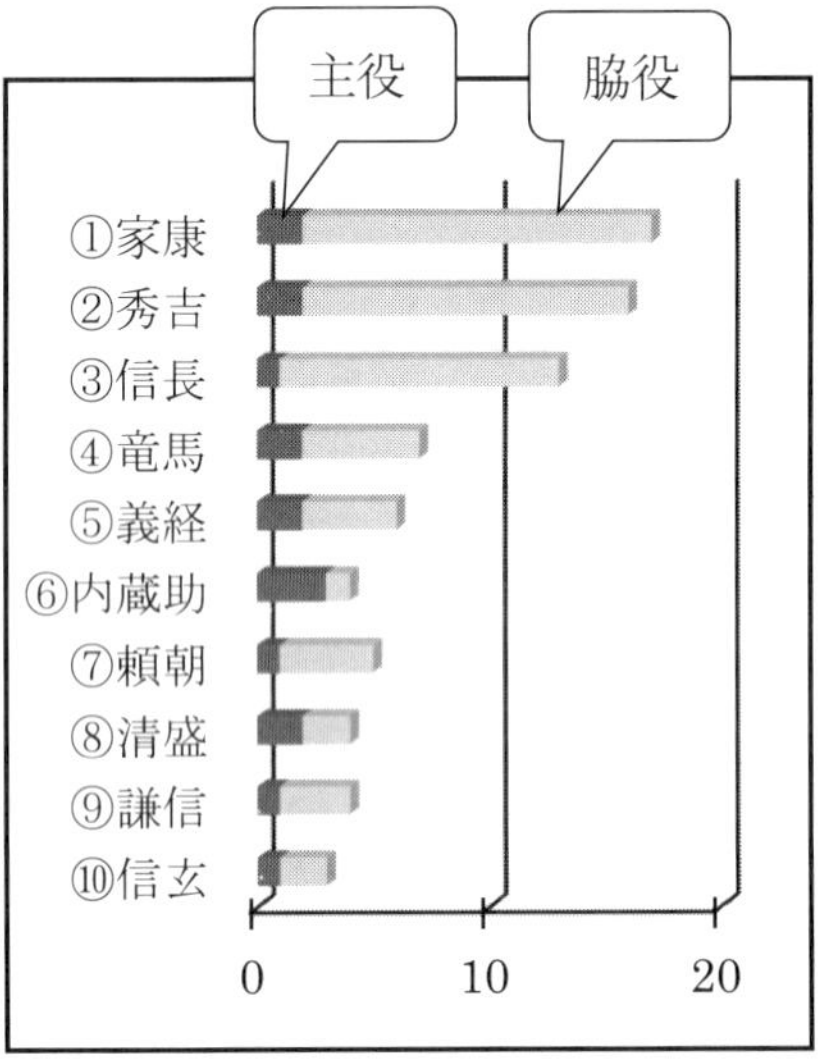

図12 今の時代の人気者 （＊79）
（NHK大河ドラマの登場回数）

今の時代の義経人気

ここでは、平成二八年で五十五回目となるNHK大河ドラマの登場回数で計る（図12）。

家康、信長、秀吉の三人は、同じ時代のせいもあるが、人気は極めて高い。それぞれの際立つ個性で乱世を治め、天下統一を果たしたという設定は、ドラマ仕立てには格好なのであろう。

これに続くのが、坂本龍馬と義経、大石内蔵助である。それぞれの時代や個々の信念に違いはあるにせよ、共通するのは悲劇を伴うことである。これもまたドラマ仕立てには相応しい。

こう見ると、覇権を争った頼朝や清盛、信玄や謙信は悲劇度が薄い分、影も薄くなる。

ところで、天下統一の道半ばで倒れた織田信長は、悲劇の英雄に一番相応しいはずだが、主役は義経よりも少ない。際立つニヒル性ゆえかもしれぬ。

このように、今の世でも義経人気は健在といえる

ところが武士の世界では、義経は英雄どころか罪人扱いである。司馬遼太郎は著作『人切り以蔵』で、その訳を述べている。

次男三男は厄介者と呼ばれ、末は他家の養子、坊主、儒者、医者。さもなければ生涯兄の飼い殺しとなる身。長男が家督を継ぐと臣下となる弟へ「このけじめを誤ったのが源平の昔の九郎判官義経。勝手に朝廷から官位を受けたので、兄の頼朝の不興をかい追討を受けた。義経は当然の罪」と諭したという。

平取に祀る義経像は、寄進されて二百年余。幾度も濁流に呑まれ流され、奇跡的に戻って来たという。そんな幾多の苦難を経たのに、今なお、精緻で端麗な姿を残す。

義経伝説も不死だが、この像は本物に劣らず不死である。それゆえ、守りつないできたアイヌ

の人々、地域の人々の心こそが不死の伝説になるべきである。

そして、ふと思う。

この義経像は、同時期に開山した蝦夷の三官寺（善光寺・等澍院・国泰寺）と同じくらいに、蝦夷の開国を語るに相応しい史跡のはずである。それなのに、今なお北海道指定の文化遺産に認定されてはいない

地域の人と役人が求める文化的価値は、庶民と武士が作る義経の価値観ほどの違いがあるのかもしれぬ。例え尺度が違っても、義経像を守りつないでいる平取《びらとり》の人々に拍手を送る。

(三) 千人同心隊の蛍火

第二陣の三十人は、固い意志のもと軸足を蝦夷に移してのぞんだ者たちである。それだけに、心身とも最強の開拓団だったといえる。

だが、ただ一人だけその夢を自ら断った者がいる。

第二陣が八王子を出発する頃、蝦夷の経営は幕府の財政を圧迫しはじめていた。

幕府は東蝦夷地の直轄に当たり、年六万両強の経営費（表3の(2)）を投じている。幕府の歳出費が享保十五年並みの七十三万両（表3の(1)）とすれば、九パーセントにもなる。相当な出費である。

戦費を除けば、日光東照宮など大きな財政投資はあろうが、それらに次ぐ規模と推定される。

ところが見込んでいた交易収入は少なく、毎年二万両弱の赤字が続いた。このため、蝦夷の経営費は享和二年から三万九千両に減額されている（表３の(2)）。

それでも、享和二年に箱館に建設する蝦夷地奉行の新庁舎をはじめ、文化元年の勇払会所の西岸移設や蝦夷三官寺の建立など出費が目白押しである。

(1)幕府の歳出費（＊80）

享保 15（1730）	73.1 万両
天保 14（1843）	144.5 万両
（元文期以降は貨幣改鋳等のインフレ策で財政額が二倍に）	

(2)蝦夷地経営費（＊70）…※

寛政 12（1800）	6.3 万両
享和 2（1802）	3.9 万両

※諸官吏手当１万両と
　松前藩主交付金 3.5 千両を含む
（津軽・南部藩の警備費含まず）

(3)千人同心隊の給金（＊2、4）

原半左衛門	252 両
原新介	61 両
肝入　5 人（30 両/人）	150 両
小屋頭 10 人（24 両/人）	240 両
他手付 115 人（11.4 両/人）*註 1)*	1,311 両
合　計	2,014 両

（一時金を除く給金を両に換算）

（米は一石＝1両と試算）

註1）他手付の 11.4 両は、下級武士の徒士 3.2 両（＊81）の 3.5 倍

表３　蝦夷経営に関わる財政内訳

このため、新規事業への出費を厳しく制限し、収入の見込めない事業の打ち切りを決定した。

その篩《ふるい》に引っかかったのが千人同心隊の開拓事業である。

大人一年分の食い扶持が玄米一石（十斗・一五〇キログラム）の時代、米に代わる麦の収穫は鵡川・白糠両所を合わせて、わずか三石五斗と四人分にも満たない。

更に、千人同心隊の給金は百三十人分で二千両（表3(3)）と、蝦夷地経営費の五パーセントも占める。

隊士たちには特別手当が付いていたせいか、〝他手付〟の一人当たりの給金は、下級武士身分の徒士《かち》より三・五倍（表3(3)註1）も高い。原半左衛門から小屋頭までも同様と推測できる。

特別手当付きの高い給金を払っても、自給自足が夢のままでは、もはやお荷物である。

この頃、千人同心隊の誰もが風当たりの強さを感じていたはずである。

森本虎之助は、特に敏感に感じていたのかもしれない。

享和三年五月五日（一月説あり）、事件が起こる。

箱館奉行が幕府老中松平伊豆守信明へ送った書付《かきつけ》がある。

千人頭原半左衛門手付　森本虎之助自殺仕候儀申上候書付

右虎之助の儀、半左衛門手付として蝦夷地白糠の笊《ざる》川（茶路《ちゃろ》川）勤番小屋に在りし処、当正月より癪《しゃく》気を患い服薬等で快方しつつある中、同人を留守にして同小屋の半左衛門手付一同が開発場所で耕作していた。
同日七ツ頃（夕刻四時）手付の一人上嶋惣右衛門が帰ると、小屋の傍らで虎之助、脇差《わきざし》を臍《へそ》の下に突っ込み倒れていたと申し立てあり。
見分するに臍の左下より右にかけ疵《きず》口五寸ほどあり臓腑押し出し相果て候。
手付医師を差し遣わし相見するに疵深く療養相届かずという。全て癪気を発し取りのぼせ乱心による始末に相違なき儀。
常々仲間ども睦ましく隔意も毛頭なく疑わしき筋も無い事から、死骸を取り片づけたと半左衛門から申し聞き候（*82）。

志を立ててのぞんだ蝦夷の地だが、願い叶わず、心折れた姿に変わり果てたのである。

癪《しゃく》を発し乱心とあるが、厄介者として武士の扱いもされぬ若者が所作通りに割腹した姿に、乱心の様子など見えず、厄介者どころか真《まこと》の武士にも見えてくる。

惜しむべき命だが、新渡戸稲造の『武士道』に照らせば、虎之助の自殺は道を外れている。

いたずらに死に急いだり、死を恋い焦がれる事は卑怯であり…あらゆる困苦、逆境にも、忍耐と高潔な心で立ち向かう。これが武士道の教えであった（*83）。

森本虎之助は第二陣で、唯一の死者となる。

だが、八王子千人同心の所在地を示した『文化十三年千人同心姓名所在図表』（＊69）に、親の名の森本姓はない。

虎之助の心と出自は今も明かされぬまま、白糠《しらぬか》に眠り続けている。


文化元年（一八〇四）三月、千人同心隊に転属命令が出た。

厳しい冬には寒立馬のようにたたずみ、寒い夏には身をすくめながら施設造営、道造りに狩り出され、その合間で原始の大地に鍬をふるい続けて四年目になる。白糠と勇払を合わせた百三十人のうち、残った者は七十九人。あっけない開拓の打切りで、土地持ちの夢はついえた。

原半左衛門と原新介の転籍先はすぐに決まった。それぞれ箱館奉行支配取《とりしらべ》調役と有珠虻田《うすあぶた》牧場の支配取調役である。

ところが、隊士たちの身分はなかなか決まらない。やっと決まっても、〝箱館奉行地役雇《ぢやくやとい》〟という、給金こそ貰えるが「残ってよし、帰ってよし」の曖昧な身分となる。これでは帰る者も出る。

案の定、同年七月、七十九人のうち二十四人は夢を捨てて八王子へ帰国した。

残る者は五十五人。その中に、病人を八王子へ送り帰した市川彦太夫と原川長兵衛もいる。

この去就が決まった時点で、第一陣と第二陣の結末を比較すると、大きな違いが見える。

	第一陣	第二陣
総員	100人	30人
帰国者	38人	5人
死亡者	31人	1人
残留者	31人	24人
残留率	31％	80％

表４　第一陣と二陣の結末
（文化元年７月時点）（＊1,2）

第二陣は、第一陣に比べて、帰国者、死亡者が少なく、残留率が際立って高い（表4）。それは蝦夷への期待の高さでもあったろうが、それだけに、志を断たれた時の動揺は計り知れない。蝦夷に残る者を〝帰る宛を失った者〟と呼ぶべきか、あるいは〝信念を貫く者〟と呼ぶべきか…。

願わくば、市川彦太夫や原川長兵衛、そして第二陣で唯一の死者となった森本虎之助は、後者であったと思いたい。

蝦夷に残った者の記録は散発的に残る。

文化四年に斜里《しゃり》の警備に一人、択捉島の警備に十八人が狩り出された記録がある。

また、文化三年には、「屋敷のみ残り狐狸の棲家であった（毛夷東環記）」（＊1）と記録されていた鵡川《むかわ》開拓小屋に、文化五年には、「若林嘉十郎なるものがいた（東行漫筆）」（＊27）とある。地役雇《ぢやくやとい》とは、いわば定職なしの日雇いの身である。若林嘉十郎は箱館辺りに出たものの、当てもなく戻ってきたのであろう。

残留した隊士たちは各地を流転していたと読める。

そして、文政四年（一八二一）、幕府の蝦夷地統治が一段落すると、八人が八王子へ帰国し千人同心に昇格したとある。但し、この八人は表4に記載の百三十人以外の面々である。

（註：千人同心隊のメンバーは百三十人とされるが、それ以外に三十余の名がある（＊1 ＊2）。おそらく前者は幕府の給金者であり、後者は無給者であったと思われる）

残留者五十五人のうち、末路がわかるのは市川彦太夫だけである。

彼の墓石は鵡川《むかわ》（勇払郡むかわ町）の永安寺にある（図13）。

武骨な自然石には、「武州八王子　文化三歳　俗名市川彦太夫墓　寅正月」の文字が、蓮の花の上に座すように刻まれている。

図13　市川彦太夫の墓石

抉《えぐ》られたように欠けた背には、赤茶けた苔が生《む》し、背を向けて臥《が》していれば、ただの路傍の石である。

その墓石は、花器を備えた立派な台座の上に鎮座し、墓地の中央にまつられている。

周囲に照らせば奇妙にも見えるが、患う者を八王子まで送り届けた者には似合いの姿である。人柄さえ偲ばれる。

無縁墓になるところを見つけ、大切にお守り頂いている代々の住職に感謝の念がわく。

彦太夫の戒名は様似《さまに》等澍《とうじゅ》院の過去帳に「青雲院久拓量遠居士」と記されている(＊7)。

この開拓の挫折は、そもそも原半左衛門が志願した耕田と警衛の主客を、幕府は「警衛を主とし、兼ねて耕作を営む」と逆転させて認可したことも起因であろう。

千人同心隊は、警衛という名の国造り施策に追われ、農地開拓はその合間となる。「土地を得て蝦夷の千人同心になる」と期待した隊士たちは、「これでは手に残る物はない」と痛く失望したであろうが、出発の時から叶わぬ夢だったのである。

もはや、千人頭の「江戸城の詰席と礼服の復権」など、隊士たちを鼓舞するはずもない。

更に、明治期の開拓に較べると、格段の差がある。

旗振り役は、成熟期を過ぎた徳川幕府と維新を成した明治政府。開拓者は、軸足を八王子に残したままの百三十人と故郷を捨てて退路を断った二百万人。人数の差はあるにせよ、そもそも本気度と時の勢い、それに心構えが違う。

原半左衛門と弟新介は、文化五年、農の功を残せず、多くの犠牲者を出し、多くの隊士を残したまま八王子へ戻った。

蝦夷に梯子《はしご》をかけ、その梯子《はしご》を外した二人だが、その後、対照的な人生を送っている。

半左衛門は帰国後、地誌探索に精魂を傾け、八十歳で天寿を全うしたという。

一方、弟新介は再び世に出ず、終生正室を迎えず、無役のまま六十八歳で亡くなっている。

千人同心隊を語るに、
〃輝きの　篝《かがり》を灯《とも》さずして　尽きた蛍火〃……と。

(四)　梅の蛍火

梅が蝦夷で生きていたという証が三つある

一つは、勇払史跡公園（苫小牧市勇払）の一角にある墓石（図14）である。

（正面）享和三癸亥歳　清涼院蓮室浄香大姉霊位
　　五月廿二日　亥申刻寂
（二面）武州多摩郡八王子郷人　河西祐助知節告工
（三面）東蝦夷地勇武津在住　河西祐助知節妻猪子
　子女　俗名梅　行年二十五歳
（四面）哭家人　河西知節
　万里游辺功未成　阿妻一去旅魂驚
携児慟哭穹廬　難尽人間長別情

図14 河西梅の墓石

もう一つは、文化元年に建立された様似等澍《さまにとうじゅ》院にある霊名簿の法名である。

河西祐助室　享和三年五月二十二日　清涼院蓮室浄香大姉（＊7）

そして、確証とまではいかぬが、〈夜泣きお梅さん〉の言い伝えもある。


歴史の歯車が、関東平野の片隅に暮らす梅を掻き出した。

千人頭の真願や蝦夷の気候風土、和人女がいないことを知らずに、幼子を連れて移り住む。

見た物、出会った物は、ことごとく厳しい。どれもこれも前代未聞の出来事である。

それでも梅は、祐助を支え、赤子を産み、幼子を育てながら、往来する役人や旅人、開拓に精を出す千人同心隊を励まし、そして、近隣のアイヌの姥《ふち》と心をつなげようとしたはずである。勇払会所にとって掛け替えのない存在になっていたであろう。

しかし、梅は不覚にも蝦夷の洗礼を受け、乳呑み児を残してしまった。


梅を語る人は、これら転変の大きさに身を案じている。
・小田切清美さんは、「緊迫感の漂う最中に来たので、生活の苦労と精神の緊張、不安の中、乳も出ない心労と栄養不足に陥った」（＊7）
・千人同心の子孫にあたる新藤恵久さんは、「不毛で不順な自然と慣れない土地での生活のため、産後の肥立ちが悪く…」（＊84）

・『苫小牧の石碑』を著した高橋稔さんは、「慣れぬ厳寒の地と闘い、過重な苦労が災いして…」(*85)

しかし…と考える。

男でさえ一年もたたずに大勢が落伍しているのに、梅は三年も耐えたのだから決して軟《やわ》な女とは思えぬ。

それを補完する記録がある。

明治の時代、淡路島（兵庫県）から、勇払に近い静内《しずない》に老幼婦女を含む八十余人の開拓団が移住している。当初、厳しい気候風土に恐れおののき、浜辺に打ち伏し、号泣する者もいたが、半年もせぬうちに、身は自然に慣れ、落伍する者もいなかったという(*86)。

人は覚悟を決め、仲間で支え合えば、厳しい気候風土にも順応できるという証である。

梅もまた、蝦夷に生きる覚悟を持ったはずだし、祐助や千人同心隊、アイヌの媼《ふち》たちも女身一人の梅を支えたはずである。

それが、蝦夷に耐える力を与えていたに違いない。

だが蝦夷に生きるには、もう一つ覚悟がいる。

〝退路を断つ〟という覚悟である。それが難局での底力となる。

しかし梅には、〝退路を断つ〟という道理はなかった。祐助の語る「蝦夷に六年」の言葉を信じていたからである。

蝦夷の大地は、全ての覚悟を持たぬ者には容赦しなかった。

梅を語るに、

〝輝きの　舞いを踊らずして　尽きた蛍火〟…と。

(五)　平時と乱時の不動明王

祐助も梅も、建立を待ち望んでいたであろう不動明王がある。

今、土地の人が〝波切り不動さん〟の愛称で呼ぶ勇武津不動である。

高さ九〇チセンの凝灰岩には、右手に剣を、左手に羂索《けんざく》（縄）を持ち、火焔光《かえんこう》に包まれた不動明王が刻まれている。忿怒《ふんぬ》の形相には「煩悩を必ず断ち切ってみせる！」という力強さが漂い、ここに跪《ひざまず》いて願をかける者を安堵させる。

高橋治大夫ら会所の者たち、千人同心隊や往来する幕府役人たちにも大きな支えになったはずである。

この勇武津不動にはこんな逸話がある。

享和（一八〇一～一八〇三年）の頃、マコマイ（苫小牧市街地）に
夜ごと夜ごとにあやしい火の上がる所がありました。
誰もが不思議に思ったのだが、恐ろしがって近づく人はいませんでした。
そのうちあまり噂が高くなり、放ってもおけなくなったので、
有志の人が火の上がる所を見に行ったら、不動さんの御像が出てきたのです。
お不動さんは人に踏まれるのが嫌だったのでしょう。
有志の人はそのお不動さんを持ち帰って、勇払にお祀りしました。
それがこの「波切り不動さん」なのです（苫小牧図書館所蔵資料）。（＊87）

図15　勇武津不動
（苫小牧市勇払）

お堂に鎮座する勇武津不動（図15）に対座する。淡い模様が浮かんではいるが、忿怒《ふんぬ》の形相は一目だけでは見分けがつかない。

ところが、像の表面を濡れタオルで拭くと、たちまち、火焔光《かえんこう》をまとった忿怒《ふんぬ》の形相が現れた。黒い背景に白く浮き出たその姿に、悪事を抱える者なら必ず畏怖し、願いをかける者には成就を確信させる。

しかし、この一瞬の出来事に戸惑った。

しばし、不思議な変化《へんげ》を顧みつつ、ふと思う。

この不動明王は、穏やかなる時は姿を隠し、危機迫る時に姿を現わすのではあるまいか…と。

勇武津不動の基材である凝灰岩も興味深い。

近くには噴煙たなびく樽前山がある。一六六七年と一七三九年に大噴火し、現在の苫小牧市街に二㍍の噴石を積もらせたというが(*88)、凝灰岩は火山灰が凝固した岩石である。

勇武津不動は樽前山にもつながっているのであろう。

樽前山は、穏やかなる時は崇《あが》められ、ひとたび噴火すれば畏れられる。

これもまた、平時と乱時の姿を併せ持つ霊峰である。

世に不動明王は数多《あまた》あるが、変化する姿や出所が平時・乱時の二面を持つ不動明王は、浅学の身なれども、聞いたことがない。

勇武津不動と樽前山は、何とも理にかなう組み合わせである。


その御像の台座に目を移すと、祐助の名が刻まれている(図16)。

高橋治大夫と祐助が、外敵退散、病魔退散、航海安全などを加護するため、享和三年五月に建立したと分かる。

図16 台座側面の刻字

享和三年癸亥五月建
願主　高橋治大夫　河西祐助
支配人　甚右衛門　庄兵衛
通詞　　重次郎　吉兵衛　与四兵衛　金兵衛
　　他惣番人

享和三年五月といえは、梅の亡くなった時である。

この頃、祐助と梅は乱時に身を置いていたはずである。

二人にとり、命を乞えるのは神仏だけである。

梅は存命中に、勇武津不動を目にしたか否かは分からぬが、平取《びらとり》の義経神社へ出向くのが叶わず、不動明王を待ちこがれていたであろう。

たとえ建立前の不動明王であっても、忿怒《ふんぬ》の形相を思い浮かべて病魔退散を念じたはずである。

不動明王が波切不動と呼ばれる所以《ゆえん》は、「大嵐にあった弘法大師が念仏を唱えると、舳《へさき》に不動明王が現れ、波を右に左に切り分けて難を救った」からだと聞く。

その立ち姿には、念仏に応えて乱時を治める気魄《きはく》が漂う。

先の逸話は、乱時にある二人にも重なる。

勇武津不動は、夜ごと夜ごとにあやしい光を放っていたというが、乱時を告げる二人の念仏が届いていたのかもしれぬ。だが、願いは叶わなかった。

これより一年後の文化元年、様似の等澍院《とうじゅいん》が開山している。

祐助は、等澍院から授かった梅の戒名と、七言絶句の〈哭家人《かじんをこくす》〉を墓石に刻んでいるが、そこには、懺悔すら感じとれる。

㈥　祐助の蛍火

米一俵は四斗入り（六〇キログラム）なのに、三升入り（五キログラム）を一俵とごまかす〝蝦夷俵《えぞたわら》〟や、絹や衣類には破れ物を、味噌や麹には腐れ物を混ぜる不正が、蝦夷ではまかり通っていた。

しかもアイヌは、奴隷のように鞭打たれ、酷使されるなど、和人の非議横暴が長い間繰り返されていた。

その怒りが〝クナシリ・メナシ蜂起〟（解説二章㈣参照）となって弾《はじ》けてから、まだ十一年しかたっていない。アイヌの心には、和人への憎悪や不信が煮えたぎっていたのである。

そのような時期に、祐助は妻子を伴い、勇払会所に着任した。

〝在住〟という現地駐在役人の最大の任務は、アイヌが抱く憎悪と不信を排除し、信頼を得ることである。

そのために、生活の基となる交易を正すことから始めた。

常に交易の場に立ち会い、商人が持ち寄る品に蝦夷俵や破れ物、腐れ物はないか、升目秤目は正しいかなどと一つ一つを確かめ記帳するなど、アイヌとの交易に関わっていた。しかしこれとて、容易に進むわけではない。アイヌから数値の観念を奪っており、文字を持たぬ者には記帳の正否などわかるはずもない。

アイヌの生活習慣を改善させる取り組みも始めた。

産業の心得を教え、漁業を成す者には網など漁具を、耕作する者には鍬《くわ》など農具を貸出し、松前藩が禁止してきた編み笠や草履《ぞうり》の着用をすすめ、病人がある時には医者を差し向けた。

更に役人たちは、通詞を連れて集落に出かけ、交易や生活習慣の改善などを、時間をかけて説得していたに違いない。

しかし、使い慣れていない物、横柄に構える役人や医者を容易に受け入れるはずもない。

ただ、上手くいった例もある。

東西蝦夷地の国境決めに対し、漁猟権を失うと訴えて来た首長の言い分に、権威や武力を振り回さず、耳を傾けて聞き入れたイサリ・ムイサリ川騒動（三章（3）参照）は好例である。

しかし、何事もとんとん拍子には進まなかった。

アイヌの事情を理解して改善を促したとしても、和人の横暴に脅える心の傷を癒したり、慣れ親しんできた文化や慣習を一朝一夕に変えることなどできるはずもない。しかも、役人として語れば、驕《おご》らずとも目線は高くなり、従わねば荒声も出る。

梅の墓誌に刻む「功未成（功未だ成らず）」は、一向に縮まらぬアイヌとの距離を指しているのであろう。

思うように仕事が進まぬ中、梅が死んだ。

衝撃は大きかった。心の支えを失ったまま幼子を抱える。

しかし、蝦夷開国という大事を前に、綿々と悲しみを引きずる訳にはいかなかった。

その頃、会所施設を川の西岸に移す計画が進んでいたのである。会所のナンバー2として、計画立案から大工や木挽き頭領の人集めなど、多岐にわたり采配せねばならない。

（註：祐助の任務を事務会計とする説はあるが、不在がちの高橋治大夫に代わり、ナンバー2の役目は、多岐に担ったと考えるべきである）

新会所は翌文化元年、南北三十間・東西六十間（五十四メートル×一〇八メートル）の四方を土塁で囲み、中に会所詰所、旅宿、本陣、医師舎、倉庫五棟を造営して完成した。

後に、ここを通った松浦武四郎は、「鰯《いわし》屋左右に立ち並び、酒屋、茶店もさまざまの暖簾《のれん》をさげ、蝦夷人の里とも思われず、その繁盛いはん方なし」（*44）と驚いている。

同じく文化元年春、千人同心隊の開拓団が解散した。役目は違うが同郷の身である。去る者、残る者、舞い戻る者の支えもしたであろう。

多忙は続いた。

同年、有珠《うす》に善光寺、様似《さまに》に等澍院《とうじゅ》、厚岸《あっけし》に国泰寺《こくたい》、いわゆる幕府主導の三官寺建立計画が動き出した。北辺警備の一環として、宗門の取締りや蝦夷業務に関わる者の葬礼や、アイヌ教導のためである。

等澍院《とうじゅ》は勇払から襟裳までを範囲としたので、祐助も寺の普請や檀家決め、亡くなった者達の届け出などに追われたはずである。


祐助の行動は、文化四年（一八〇七）の記録に残る。
・四月…箱館奉行支配勇払詰調役下役《しらべやく》を拝命し、高橋治大夫に代わり勇払会所の責任者となる。
　この頃、オロシア軍艦が北の海域で大暴れしていた。

　前年九月には樺太の番屋を、この四月には択捉島《えとろふ》の会所を襲撃していたのである。
・五月…箱館奉行所がこの事件を知ったのは四月の末頃である。幕府へ急報する一方、千人同心十八人を含む百二十三人を択捉島へ派遣した。
更に奉行所は、各会所にオロシアの襲撃に備えて婦女子を山奥へ避難させるように命じている。

祐助は、勇払と沙流《さる》会所に住む和人婦女子を千歳《ちとせ》へ送り、身を隠させている。その時の様子は津軽藩士山崎半蔵の日誌にあるが、パニック状態になっていた。

沙流在住折原政吉妻、支配人の妻、鵡川地役の家内、河西祐助の子、同召使の女、その他何人の家内妻妾、様々に相恨み言い申し、泣き嘆き晴れ着の帯、衣装をも惜しみいたわる心もなく、泥砂にひきまぶれ、歩みえた足に血染みて急ぎ舟に乗りゆくありさま、しきりに戦国時代の事と思い出させる(*36)。

・七月……このドタバタ騒ぎの中、祐助は石狩《いしかり》詰責任者の兼務命令を受ける。片道四、五日を要する勇払と石狩を、昼夜問わず不眠不休で往復したであろう。なおこの頃、シレマウカはウラエ訴訟で再提訴している(小説編三章(3)参照)。しかし、時が時だけに祐助には、それに割く時間はなかったはずである。

……同月、若年寄堀田摂津守正敦が、蝦夷防衛のため幕兵を連れて来島する。外国船の日本襲撃は元寇(弘安四年・一二八一年)以来ゆえ、幕府の衝撃は大きかったであろう。

・八月……祐助は重い病気を患う。過度の疲労が蓄積したのであろうか。

……当月末、防衛の事態収拾を見極めた摂津守は、有珠《うす》牧場(伊達《だて》市)を視察する。若年寄は幕府中枢にあって老中に次ぐ大身である。体が動くなら病でも馳せ参じるのが武士の倣《なら》い。祐助は病を押して原新介と共に出迎え、査問を受けたのも当然である。

・九月……三日、祐助は病を悪化させ、有珠《うす》官舎で客死する。蝦夷に渡り七年余、時に三十七歳。

祐助が最後に残した詩がある(＊1)。

萬里辞家開土年　…万里家を離れて開国に年を重ね
穹廬《きゅうろ》室裡留連　…穹廬《きゅうろ》なる粗末な家に留連する
男児是元蓬桑《ほうそう》志　…されど男児は元より志を高く持つもの
生死従他靺鞨《まっかつ》天　…生死もまた遠国の天命に従うもの

穹廬《きゅうろ》：天幕で被う建物
蓬桑《ほうそう》：桑弧蓬矢《そうこほうし》
靺鞨《まっかつ》：中国東北の諸族の名

己の心を赤裸々に吐き出した〈哭家人《かじんにこくす》〉の詩に比べると、妙に達観している。百年の計に立つ蝦夷開国を道半ばで果てる無念さよりも、「身命をかけた」という男の本懐が際立つ。

梅の忘れ形見の二児を残す不覚は、梅が亡くなった時以上に辛かったはずなのに、その意は見えない。黄泉から迎えに来た梅には、「これが我らの天命だ」とでもつぶやいたのかもしれぬ。

翌文化五年春、橘太郎と鯤は下男下女に伴われて八王子へ帰る。

塩野周蔵光迪《みつのぶ》が語る中国の斑超《はんちょう》は、三十年をかけて西国を平定し、都へ凱旋している。しかし祐助は、光迪《みつのぶ》に語った「おおむね六年」どころか、骨身一つも都へ帰すことはできなかった。

斑超《はんちょう》には及びもつかぬ結末となるが、最後の詩にある「靺鞨《まっかつ》の天」の一文は、多少なりとも斑超《はんちょう》を意識した文言なのかもしれぬ。

今は、赴いた先の有珠《うす》の山深い里に眠るという。

訪ねて墓石に花を手向ける者はなくとも、蝶が舞い、鳥が歌い、野の草花が四季を届けているはずである。

祐助を語るに、
〃輝きの　盛りを知らずして　尽きた蛍火〃…と。

むすび

蝦夷は、覚悟を持たぬ者には容赦しない。

雪は一夜にして山野を隠し遠近を奪い、寒気は一瞬にして水も土も空気も凍らせ、生木さえドーンと破裂させる。覚悟を持った者でさえ五感を狂わす。

向かってくるのはこれだけではない。

洪水は一瞬にして大地を崩し、イナゴは瞬く間に緑を潰し、ブヨや糠蚊《ぬかが》は生き血を求めて雲霞《うんか》をなし、熊や狼は虎視眈々と隙を狙う。

人を恐れる生き物はいない。

明治四年五月、勇払に近い静内《しずない》（新ひだか町）に、暖国の淡路島《あわじ》（兵庫県）から移住した開拓団がいる。その回顧録には、開拓前の様子が詳説されている。一部を要約し引用する。


家族を帯同した八十余人の開拓団は、防寒の具とは如何なる物かも知らず、単衣《ひとえ》着物で船に乗る。船に乗る事二十日足らず、暖気の国の者が見た北の大地は心胆を寒からしめた。五月、西暦では六月だというのに青草を知らず、古木古草が白雲たなびく遠山まで続く荒涼とした世界である。余りの心身の寒さに、老幼婦女が浜辺に打ち伏し号泣し、日需の便のために連れて来た商人は、即刻行李《こうり》を携えて逃げ帰ったという。

原野は背丈を超える茅《かや》や茨《いばら》、欝蒼《うっそう》とした樹木が繁茂し、斧《かま》や鉞《まさかり》知らずの世界である。

まさに手つかずの原始の姿が目の前を覆う。

その上、恐れを知らぬ獣や野鳥が跋扈《ばっこ》する。

干した鮭や獣肉を狙って無数の狐が容赦なく家に入り、むさぼり喰らう。追い払っても数歩先で人の顔をじっとうかがい、家に入ればまた攻め寄せて、入り口で様子をうかがうという。

肌身を隠さず鍬《くわ》を振れば、無数のブヨが股間に喰らいつき、出血や痒《かゆ》みに気後れする。

背に背負う鮭や獣肉を狙って、鵜《う》が耳をつんざくほどに前後左右に飛び群れて食いつばむ。

ただそんな気候風土にあっても、寒気がすこぶる厳しい冬が来て、暴風積雪の多さに辟易するが、自然にその身に慣れて、別に甚だしき苦痛を感ぜずという(*86)。

これより七十年前、梅はそんな世界に飛び込んだのである。

淡路島の開拓団が入植した地から八〇キロメートルも離れていない勇払にである。

そこでは、千人同心隊の開拓団ですら、一年も経たずに一割が、三年後には三割が落伍している。そう思うと、女身一人で、よく三年も耐えたと言うべきかもしれぬ。

しかし、祐助や往来する役人の助けはあったとしても、女身同士の居心地は欠かせられまい。

近くにはアイヌの女が住んでいる。

アイヌは何度も和人に裏切られてきたが、島に入る者、助けを求める者にはどんな時であれ、無垢の心で受け入れて来た。イサベラ・バードもその心をしっかりと見ている（*22）。

アイヌの姥《ふち》はその心で、梅に手を差し伸べ、わが娘のように支えたはずである。梅もまた、上から目線の男とは違い、姥たちに同じ目線で向き合い、心を預けたはずである。

子を産み、育て、次代につなぐという、強い生命力を持つ女身同士のつながりが生きる覚悟を教えたであろう。

北海道の開拓は明治二年に始まり、大正十一年までに二〇四万人が移住している（*89）。その中で、子を亡くす女、子を残して先立つ女、そしてアイヌに子を預けて帰る女がいたと聞く。

平成十五年、拙著の『えぞ物語り』を謹呈した方から、大変ご丁寧なお手紙を頂いていた。当時、行政の立場でアイヌの人々に関わる中、彼らの素朴な優しさを感じていたという、釧路市総務部長の寺田壽昭様である。

今般、寺田様のお許しを頂き、その文面を抜粋し原文のまま紹介する。

釧路市において、アイヌ文化の伝承に努力しておられる老夫婦がいらっしゃいます。この方は、昭和初期に北海道に入植し、その気候風土に耐えられず、実のご両親が本州へ戻る際に、連れて帰る事が叶わず、我が子をアイヌのご家庭に託された、まさにそのご本人です。

この方は、和人社会からは、「お前はアイヌだ。」と言われ、アイヌ社会の中では「お前はシャモだ。」と言われ、いわば二重の差別を感じて育ったと言います。アイヌがシャモを差別した訳ではありませんが、子ども心にそう感じた事もあると言われました。

そのような状況の中、自分を庇《かば》い、優しく育んでくれたアイヌのご両親に対する感謝が彼の全てです。それゆえに、アイヌ社会とその文化を後世に伝えたいと努力しておられます。また実際に、アイヌの人々以上にアイヌ文化を知る方であり、因《ちな》みに、その方の奥様も、まったく同様にアイヌのご家庭に育てられた和人なのです。

「子を亡くし、子を残し、子を預ける」女の心境を、うかつに語れるものではない。それでも「元気に育ち、幸せになってほしい」と願う心は、決して変わるまい。

子を預かる者もまた、離す者の心に寄り添い、「健やかなれ」と努めるに違いあるまい。

一方、残された子供は母の心を知らずに、怨嗟《えんさ》と艱難《かんなん》の道を歩むこともある。

しかし、寺田様が接した方のように、いずれは産みの母、育ての母の心を悟り、生《いのち》を次代へつなげるはずである。

生を受けた人の道は、「いたずらに死を急がず、困苦逆境に立ち向かう」と説く武士の道（*83）

と、何ら変わるものではない。

〈夜泣きお梅さん〉の主《ぬし》は、河西梅なのかもしれぬ。

あるいは、開拓に関わりながらも、本意ならぬ結末を経た女たちなのかもしれぬ。

しかし、主は誰であれ、たとえ黄泉の身にあっても、命を授けた者は「生《いのち》をつなぐ」ために、限りを尽くすと諭しているのであろう。

完

引用文献

全体引用
＊1）「八王子市史 下巻」八王子市史編纂委員会 昭和55年
＊2）「八王子千人同心史 通史編」八王子市教育委員会 平成4年
＊3）「苫小牧市史 上巻」苫小牧市 昭和50年
＊4）「北方未公開古文書集成『休明光記』羽太正養』」叢文社 昭和53年
＊5）「日本陰陽歴日対照表 下巻（1101～1872年）」角掛隆 ニットー 1993年
＊6）「大漢和辞典」 諸橋轍次 大修館書店 昭和61年

部分引用
＊7）「郷土研究1」苫小牧郷土文化研究会 昭和39年
『夜泣き梅女の墓・小田切清美』、『様似等澍院の千人同心関係霊名簿・菊池新一』
＊8）「近世紀行文集成第一巻 蝦夷編『蝦夷蓋開日記 谷元旦』」葦書房 2002年
＊9）「郷土の研究2『河西裕助の妻とその生活 近江謙三』」苫小牧郷土文化研究会 昭和42年
＊10）「桑都日記（巻の十四）塩野適斎」編鈴木龍二 鈴木龍二記念刊行会 昭和48年
＊11）「徳川盛世録」市川正一 東洋文庫 1989年

*12）「論語（上）里仁第四」吉川幸次郎　朝日新聞　1996年
*13）「新川河岸迷酒　霊岸島捕物控」千野隆司　学習研究社　2003年
*14）『蝦夷日記』　木村謙次」　編集発行山崎栄作（十和田市）昭和61年
*15）「江戸東京百景広重と歩く『千住大はし』」大久保博則　角川ＳＳＣ　2009年
*16）「埼玉県史料叢書13（上）『栗橋関所史料1』」埼玉県教育委員会　2003年
*17）「関所抜け　江戸の女たちの冒険」金森敦子　晶文社　2001年
*18）「大名と庶民の街道物語」編者発行　新人物往来社　2009年
*19）「東遊奇勝（日光奥州街道編・蝦夷編）　渋江長伯著」山崎栄作編
*20）「三厩漁港のみなと文化」佐々木文武　みなと総合研究財団　2013年
http://www.wave.or.jp/mnatobunka/archieves/report/006.pdf
*21）「北海道指定有形文化財松前屏風」松前町郷土資料館のパンフレット
*22）「日本奥地紀行」イサベラ・バード　高梨健吉訳　東洋文庫　平凡社　1973年
*23）「近世紀行集成『未曾有記』遠山景晋」校訂　板坂耀子　国書刊行会　1991年
*24）「蝦夷奇勝図巻」谷元旦画　朝日出版　昭和48年
*25）「松平忠明蝦夷踏査開拓見積絵図」長野県立歴史館所蔵
*26）「松平忠明関係絵図」長野県上田市立博物館所蔵
*27）「千人同心　増補改訂」村上直編　雄山閣出版　1993年

*28）「歴史人　江戸の暮らし大図鑑」ＫＫベストセラーズ 平成25年
*29）「開拓者　依田勉三」池田得太郎 潮出版社 1972年
*30）「東洋文庫220 日本お伽集1 神話・伝説・童話」森林太郎他 平凡社 昭和48年
*31）「『アイヌの漁猟権について（上）』高倉新一郎」社会経済史学第六巻五号 昭和11年
*32）「天明の打ちこわし」新日本新書510 片倉比佐子 新日本出版社 2001年
*33）「八王子のむかしばなし」監修 菊池正 八王子市 昭63年
*34）「八王子の民俗」佐藤広 揺籃社 1995年
*35）『蝦夷草紙』最上徳内」吉田常吉編 時事通信社 1966年
*36）「えぞ地八王子千人同心史 菊池新一」苫小牧市 昭和48年
*37）「蝦夷道中記」磯谷則吉 北海道大学図書館所蔵
http://www.lib.hokudai.ac.jp/hoppodb/kyuki.cgi?id
*38）「大江戸歴史の風景」加藤貴 山川出版社 1999年
*39）「東洋文庫 甲子夜話《かっし》4の53・8」松浦静山 校訂中村幸彦他 平凡社 1978年
*40）「漂流記の魅力」吉村昭 新潮新書 2003年
*41）「アイヌ文化の基礎知識」財団法人アイヌ民族博物館 草風館 1995年
*42）「別冊宝島　アイヌの本」編集石井慎二　宝島社 1997年
*43）「近藤重蔵蝦夷地関係史料」東京大学史料編纂室 東京大学出版会 1993年

＊44）「蝦夷日誌（上）松浦武四郎」編吉田常吉　時事通信社　昭和37年
＊45）「カムイ義経」平取町義経を語る会　平取町観光協会　平成13年
＊46）「奈良絵本絵巻集11」中野幸一編　早稲田大学出版部　昭和63年
＊47）「図説日本の古典13　御伽草子」著代表　市古貞次　集英社　昭和55年
＊48）「呼ぶ声　依田勉三の生涯　下巻」松山善三　潮出版社　昭和59年
＊49）「中国の古典5　荘子　上『逍遥遊第一』」荘子　訳池田知久　学習研究社　昭和58年
＊50）「斜里町史」斜里町史編纂委員会　昭和30年
＊51）「大工魂　匠の技と心意気」前場幸治　冬青社　2001年
＊52）「岩手の昔話」河野伸枝　東北観光商事　東京都立多摩図書館所蔵
＊53）「一六四三年アイヌ社会探訪記」北溝保男　雄山閣出版　昭和58年
＊54）「北方史年表・条約・文献総覧」寺沢一他　叢文社　昭和53年
＊55）「ロシアについて」司馬遼太郎　文芸春秋　1989年
＊56）「赤蝦夷風説考　原本現代訳」工藤平助原著　井上隆明訳　教育社　1987年
＊57）「エゾの歴史」海保嶺夫　講談社　1996年
＊58）「図解江戸城をよむ」深井雅海　原書房　1997年
＊59）「八王子千人同心関係史料第一集『千人頭月番日記一』」八王子市教育委員会　昭和63年
＊60）「百種「儒教　トーマス＆ドロシー・フーブー」訳鈴木博　青上社　1994年

*61）「中国史（先史～後漢）」松丸道雄他 山川出版 2003年
*62）「松平忠明関係史料 更級郡教育会郷土資料『今井村 上氷鉋《ひがの》村 中氷鉋村 塩崎村五千石領 松平信濃守に関する文書』」長野市南部図書館所蔵 県立長野図書館所蔵
*63）「高倉新一郎著作集第9巻」同著作集委員会 北海道出版企画センター 2000年
*64）「増補 アイヌ民族抵抗史」新谷 行 三一書房 1977年
*65）「近世蝦夷地成立史の研究」海保嶺夫 三一書房 1984年
*66）「えぞ物語り」増本邦男 文芸社 2003年
*67）「郷土十勝 第4号『寛政日勝道路考 千葉小太郎』」昭和39年 帯広市図書館所蔵
*68）「歴史研究所日本史レポート『第八回皆川周太夫 八王子千人同心と蝦夷地調査物語』」大黒屋介左衛門 http://www.uraken.net/rekishi/reki-nihon008.html
*69）「千人同心姓名所在図表（文化13年丙子地誌）」多摩信用金庫 多摩文化資料室復刻版
*70）「新北海道史 第二巻」編集発行北海道 昭和45年
*71）『松平忠明の蝦夷調査』中條昭雄」長野県立歴史館研究紀要第12号 2006年
*72）「徳川幕府事典」竹内誠 東京堂出版 2003年
*73）「近世事件史年表」明田鉄男 雄山閣 平成5年
*74）「江戸編年事典」稲垣史生 青蛙房 昭和55年
*75）「未刊随筆 第3巻『享和雑記 巻一の24』」三田村鳶魚 米山堂 1928年

＊76）「本朝通鑑　第九続編五」林羅山　国書刊行会 1919年
＊77）「入門　奈良絵本絵巻」石川透 思文閣出版 2010年
＊78）『義経蝦夷征伐物語の生誕と機能』菊池勇夫」史苑第42巻1,2号 1982年
＊79）「大河ドラマ検定 公式問題集」　監修 小和田哲男　ＮＨＫ出版　2016年
＊80）「江戸文化歴史検定公式テキスト上級編」江戸歴史検定協会 小学館 2007年
＊81）「江戸のお白洲　史料が語る犯科帳の真実」山本博文　文芸春秋　2011年
＊82）「白糠町史」白糠町史編纂委員会 昭和62年
＊83）「武士道」　新渡戸稲造著　奈良本辰也訳　三笠書房　1997年
＊84）「まんがで読む八王子歴史物語１」監修新藤恵久 松田純 揺籃社 2010年
＊85）「とまこまいの石碑」高橋稔　苫小牧郷土文化研究会 平成13年
＊86）「《静内歴史探訪》『北海道移住回顧録』と岩根静一」山田一孝　（恵贈）
＊87）「郷土の研究２『勇払に現存する石仏研究』近江謙三」苫小牧郷土文化研究会　昭和42
＊88）「北の火の山　火山防災への警鐘」小池省二 中西出版 2000年
＊89）「北海道の風土と歴史」高倉新一郎他　山川出版 昭和52年

増本　邦男（ますもと　くにお）

1944年、北海道で四男坊として生を受ける。
江戸の昔なら、超“厄介者”だが、戦時中にて“国の宝”の扱い。
化学系会社に勤め、「無事之名馬」の如く定年を迎える。
著書に『えぞ物語り』（文芸社　2003年）がある。
コロポックル伝承を彷彿させるアイヌの三大蜂起を描く。

北の蛍火
——蝦夷の蓋開けを見た八王子千人同心の妻 梅

2016年11月 1 日　印刷
2016年11月10日　発行

著　者　増　本　邦　男
発　行　揺 籃 社
〒192-0056 東京都八王子市追分町10-4-101
㈱清水工房内　TEL 042-620-2615
http://www.simizukobo.com/

ISBN978-4-89708-370-4　C0021　　乱丁本はお取替いたします。